# 纳米生物农药

潘晓鸿　编著

化学工业出版社

·北京·

## 内容简介

本书以纳米生物农药研发为核心，阐述了纳米技术、生物农药及纳米生物农药等基础理论。以纳米技术在生物农药制剂中的研究进展为背景，详细介绍了纳米生物农药的制备、靶向释放系统及其安全性评估技术，系统总结了纳米生物农药在农业和非农业领域以及纳米技术在 Bt 生物农药中的应用案例，并描述了纳米生物农药面临的挑战及未来发展趋势。以期为纳米生物农药在绿色农药减施增效中推广应用提供理论和技术支持。

本书可供从事农业科研人员、农药开发企业、农业技术专家和推广人员、农民和农业生产者使用，也可供相关专业院校师生参考。

### 图书在版编目（CIP）数据

纳米生物农药 / 潘晓鸿编著. -- 北京：化学工业出版社，2024. 12. -- ISBN 978-7-122-47194-9

Ⅰ. S482.1

中国国家版本馆 CIP 数据核字第 2024FM5148 号

---

责任编辑：孙高洁　刘　军　　　装帧设计：王晓宇
责任校对：王鹏飞

---

出版发行：化学工业出版社
　　　　　（北京市东城区青年湖南街 13 号　邮政编码 100011）
印　　装：北京建宏印刷有限公司
710mm×1000mm　1/16　印张 10½　字数 210 千字
2025 年 2 月北京第 1 版第 1 次印刷

---

购书咨询：010-64518888　　　　　　售后服务：010-64518899
网　　址：http://www.cip.com.cn
凡购买本书，如有缺损质量问题，本社销售中心负责调换。

---

定　　价：85.00 元　　　　　　　　　版权所有　违者必究

# 序

随着全球人口的增长和农业需求的不断上升，传统的化学农药已经不能满足现代生态农业的可持续发展需求。环境污染、生态破坏以及农药残留问题不仅威胁着人类健康，也对生态平衡造成了不可逆转的损害。生物农药具有对害虫天敌安全、对环境友好、专一性强、活性高、害虫不易产生抗药性、对非靶标生物相对安全等一系列优点，但在应用中也存在诸多问题，包括速效性差、持效期短、环境稳定性差、剂型单一、难以机械化操作等。国内外学者尝试将纳米技术引入传统生物农药中，构建高效的纳米生物农药体系，以其高效、环保、低毒的特性，为农业病虫害防治提供一种全新的解决方案。

纳米农药是指基于一定的有害生物防控场景，通过功能材料与纳米技术，使农药有效成分在制剂和使用分散体系中，以纳米尺度分散状态稳定存在，并在使用时能发挥出区别于原剂型应用性能的农药制剂。纳米农药因其提高药物传递效率、减施增效、降低环境污染等优点，被认为是未来农药剂型的重要发展方向之一，推动农业向更加绿色更加可持续的方向发展。

潘晓鸿博士的研究得到了国家自然科学基金、国家重点研发、福建省科技项目等资助，涉猎了大量的国内外文献，广泛接触研究前沿。该专著涵盖了纳米生物农药的基础理论、技术与方法、应用案例、挑战与展望四个方面内容，是国内率先系统介绍纳米生物农药研究的专著，内容新颖、系统全面，有较强的理论性、实用性和可读性，相信其出版将促进我国纳米生物农药深入研究和加速产业化的过程。

有鉴于此，本人乐于推荐此书，希望读者与编著者共同研讨、相互交流。

福建农林大学植物保护学院 教授
2024.8.25

# 前言

农药是用于控制害虫和预防植物疾病的化学品，根据其原料来源及成分可以分为化学农药（无机农药和有机合成农药）、生物源农药（生物体农药和生物化学农药）和生物技术农药。按照其用途又可分为杀虫剂、杀菌剂、杀螨剂、杀线虫剂、除草剂、杀鼠剂和植物生长调节剂。中国利用世界7％的耕地面积养活了全球22％的人口，其中农药在防御重大生物灾害、保证我国粮食安全方面发挥了不可或缺的作用。我国的农业生物灾害发生非常频繁，常年发生的重大病虫害有100余种。化学防治具有对有害生物高效、操作简便、适应性广、经济效益显著等特点，是确保粮食与农产品安全稳定生产的必要手段。我国已是全球第一农药生产和使用大国，每年化学防治面积70亿亩次、农药使用量高达200多万吨。然而，目前我国生产和使用的高效与环保农药制剂比重较低，品种仍以乳油、可湿性粉剂等传统剂型为主，存在大量使用有机溶剂、粉尘飘移、分散性差等问题，导致有效利用率普遍偏低。农药的长期大量与低效施用，也会导致人畜中毒、有害生物产生抗性、污染环境、破坏生态平衡等不良后果。

生物农药具有低毒性、快速分解、低暴露性等特点，能够避免化学农药在农业活动中的不利影响（如持久性、生物积累性和毒性）。然而，生物农药的效力低、持续时间短、田间表现不一致以及成本高等因素通常限制了生物农药的发展，生物农药在全球作物保护市场中所占份额仍然很小（大约5％的市场份额，全球价值约30亿美元）。传统化学农药和生物农药的局限性迫使科学界寻找新的、成本效益高的替代策略。

在农药中引入纳米材料可以有效避免传统农用化学品或生物源农药的负面影响。当前利用纳米材料与技术发展纳米农药新剂型已经成为国际纳米农业领域的研究热点之一，也已在减少农药滥用所造成的食品残留与减轻环境污染等方面展现出良好的应用前景。将纳米技术应用于开发新的纳米农药配方，在植物害虫和疾病控制中发挥着重要和有效的作用，以避免化学农药的危害并提高生物农药的效力。纳米技术有助于开发毒性更低、活性成分稳定性更高、生物安全性更好、对目标害虫活性更强的生物农药。例如将纳米材料（如介孔活性炭、纳米碳酸钙、纳米二氧化硅、纳米氢氧化镁）应用于苏云金芽孢杆菌、阿维菌素、井冈霉素等生物农药，可以提高其生物活性、缓释和稳定性等生物效能。

纳米技术被誉为"下一次工业革命"，已被广泛探索用于改善农业，为农业和农业技术领域的下一次革命打开了新的大门。近年来，人们针对纳米技术在农业中的应用进行了大量的研究和实践，其应用可分为纳米农药、农业诊断、纳米肥料、纳米生物传感器、污染控制以及可持续农业等。2003年美国首次将纳米农业列入国家研究计划，2019年纳米农药被国际纯粹与应用化学联合会（IUPAC）评为将改变世界的十大化学新兴技术之首。我国的纳米农药研究起步相对较晚，2014年中国农业科学院启动了我国纳米农业领域的第一个"973"计划项目——"利用纳米材料与技术提高农药有效性与安全性的基础研究"。2022年1月29日，农业农村部会同国家有关部门制定的《"十四五"全国农药产业发展规划》中明确指出，鼓励纳米技术在农药剂型上的创新应用，充分利用新工艺、新技术，大力发展水基化、纳米化、超低容量、缓释等制剂。2024年5月1日实施的由中国农业科学院植物保护研究所等单位起草的《纳米农药产品质量标准编写规范》，成为我国第一个农药纳米制剂产品标准的通用编写规范。

近十年来，美国、欧洲、巴西、印度、日本、加拿大等国家和地区均相继开始了纳米农药相关研究工作。美国环保署（EPA）、欧盟以及联合国经济合作与发展组织（OECD）等国际组织和机构已经陆续颁布了关于纳米农药生产、使用及安全性评价等方面的管理规则。拜耳公司、先正达公司和孟山都公司均已申请了纳米农药相关的专利并商业化。南京善思公司是国内第一家实现纳米农药产业化的企业，所生产的纳米农药水性制剂已在全国多个省份进行示范与应用，可实现农药减量20%以上。虽然当前一些农药公司申报了大量纳米农药的专利，但市场上除了微乳剂外，其他纳米农药种类仍然非常少。发展高效、安全的农药新剂型对于农业可持续发展具有重要意义，将纳米技术应用于农业已成为新的机遇和挑战。当前，具有生物可降解性、响应性和生物相容性的环境友好型纳米材料在探索安全高效的农药方面引起了人们极大的兴趣。应用纳米技术开发新的纳米农药制剂可以降低化学农药的危害并提高生物农药的药效，同时有利于开发稳定性高、生物安全性好以及对目标害虫活性更强的低毒生物农药。

目前，关于纳米农药的研究论文、综述和书籍相对较为全面（在Web of Science上，从1900年到2024年6月，包含"nanopesticide"一词的结果有300项），但关于纳米生物农药的综述很少（在Web of Science上，仅只有16项包含"nanobiopesticide"一词的结果）。本书涵盖了纳米生物农药的基础理论（第一章～第四章）、技术与方法（第五章和第六章）、应用案例（第七章和第八章）、挑战与展望（第九章和第十章）四个部分，为生物农药领域中的前沿纳米技术进行了较全面的总结。

在本书编写过程中，导师关雄教授提供了宝贵的资料，给予了悉心的指导和鼓励。关教授一直坚持从事苏云金杆菌生物农药的研究，四十年如一日，他高深的修养、渊博的学识、严谨的作风和诲人不倦的品德使笔者终身受益。

本书所涉研究得到国家自然科学基金委员会、国家重点研发计划、福建省科技厅及福建农林大学有关部门的项目资助和大力支持。福建省农业科学院饶文华助理研究员与福建农林大学郭雪萍博士生、张顶洋博士生、马光明博士生、崔子绮硕士生、李志浩硕士生、李慧艳硕士生等协助完成了许多研究工作。福建农林大学植物保护学院领导给予了笔者工作上的大力支持。在此谨对上述单位和个人致以衷心的感谢。

书稿完成后，蒙导师关雄教授审阅全文并作序，笔者甚为感谢。

由于笔者学识水平有限，特别是对纳米生物农药研究工作不够深入和全面，本书难免有疏漏之处，恳请读者不吝指教。

潘晓鸿

2024.8.21

# 目录

## 第一章　纳米技术概述　001

### 第一节　纳米尺度的定义与特性　002
一、纳米材料的定义　002
二、纳米材料的特性　002

### 第二节　纳米材料的分类与合成方法　003
一、纳米材料的分类　003
二、纳米材料的合成方法　003

### 第三节　纳米技术在农业中的应用　005
一、纳米技术在农业投入品中的应用　006
二、纳米技术在农产品加工中的应用　008
三、纳米技术在农业环境改良中的应用　009

参考文献　010

## 第二章　生物农药的概念与发展　011

### 第一节　生物农药的定义与分类　012
一、生物农药的定义　012
二、生物农药的分类　012

### 第二节　生物农药的作用机制　014
一、微生物农药的作用机制　014
二、植物源农药的作用机制　014
三、生物化学农药的作用机制　015

### 第三节　生物农药的历史与发展现状　016

### 第四节　Bt 生物农药　018

参考文献　020

## 第三章　纳米生物农药的科学基础　022

### 第一节　纳米生物农药的设计理念　023

### 第二节　生物农药中常见的纳米载体　023
一、有机纳米载体　024
二、无机纳米载体　025

三、有机-无机杂化纳米载体　　　　　　　　　　　026
　　第三节　纳米载体在生物农药中的应用　　　　　　　027
　　第四节　纳米生物农药的稳定性与生物相容性　　　030
　　　一、纳米生物农药的稳定性　　　　　　　　　　　030
　　　二、纳米生物农药的生物相容性　　　　　　　　　031
　　参考文献　　　　　　　　　　　　　　　　　　　　032

## 第四章　纳米生物农药研究进展　　　　　　　　　　　034
　　第一节　纳米技术在杀虫剂中的应用　　　　　　　　035
　　　一、基于苏云金杆菌的纳米杀虫剂　　　　　　　　035
　　　二、纳米技术在阿维菌素类杀虫剂中的应用　　　　036
　　　三、纳米植物源杀虫剂　　　　　　　　　　　　　038
　　第二节　纳米杀真菌剂　　　　　　　　　　　　　　039
　　第三节　纳米杀细菌剂　　　　　　　　　　　　　　041
　　第四节　生物除草剂和纳米技术　　　　　　　　　　042
　　第五节　纳米技术在其他类型生物农药中的应用　　　043
　　参考文献　　　　　　　　　　　　　　　　　　　　045

## 第五章　纳米生物农药的制备技术　　　　　　　　　　047
　　第一节　纳米粒子的合成与表征　　　　　　　　　　048
　　　一、纳米粒子合成方法　　　　　　　　　　　　　048
　　　二、纳米粒子表征技术　　　　　　　　　　　　　049
　　第二节　生物活性分子的纳米封装　　　　　　　　　053
　　第三节　纳米生物农药的配方开发　　　　　　　　　054
　　参考文献　　　　　　　　　　　　　　　　　　　　056

## 第六章　纳米生物农药的靶向释放系统　　　　　　　　058
　　第一节　控释技术的原理与应用　　　　　　　　　　059
　　第二节　靶向性设计策略　　　　　　　　　　　　　059
　　　一、刺激响应型载体　　　　　　　　　　　　　　059
　　　二、封装与保护型载体　　　　　　　　　　　　　060
　　　三、缓释与控释型载体　　　　　　　　　　　　　060
　　第三节　环境响应型纳米载体　　　　　　　　　　　061
　　　一、温度响应型纳米载体　　　　　　　　　　　　061

二、pH 响应型纳米载体　　062
三、光响应型纳米载体　　063
四、酶响应型纳米载体　　063
参考文献　　064

# 第七章　纳米生物农药在农业和非农业领域中的应用　　066

第一节　纳米生物农药在防治作物病虫害中的应用　　067
一、防治水稻病虫害的纳米生物农药　　067
二、防治蔬菜害虫的纳米生物农药　　068
三、防治果树害虫的纳米生物农药　　071
四、防治其他经济作物病虫害的纳米生物农药　　071

第二节　纳米生物农药在储粮保护中的应用　　072
一、储粮害虫的生物防治　　072
二、纳米生物农药在储粮中的缓释系统　　074
三、储粮保护中的纳米技术应用案例　　076

第三节　纳米生物农药在非农业领域的应用　　076
一、公共卫生害虫的控制　　076
二、纳米生物农药在生物安全中的应用　　078
三、纳米生物技术在环境保护中的应用　　078

参考文献　　079

# 第八章　纳米技术在 Bt 生物农药中的应用实例　　084

第一节　纳米 Bt 生物防治茶叶害虫应用实例　　085
一、茶园主要虫害　　085
二、纳米氢氧化镁装载系统与 Bt Cry 蛋白传递系统开发思路　　086
三、纳米氢氧化镁及其纳米复合材料的合成与表征　　093
四、纳米 Mg(OH)$_2$ 对 Bt 杀虫蛋白生物活性和杀虫机制的影响　　096
五、纳米氢氧化镁在茶叶表面的黏附及其在植物中的运输　　098
六、纳米氢氧化镁的生物安全性评估　　101

第二节　纳米材料提高 Bt 生物农药抗紫外性能应用实例　　106
一、紫外线对 Bt 制剂的影响及其应对措施　　106
二、纳米氢氧化镁与 Bt Cry 蛋白载药系统开发思路　　107
三、纳米氢氧化镁和 Cry 蛋白的表征　　111
四、纳米氢氧化镁的稳定性评估　　111

五、纳米氢氧化镁对 Bt 杀虫蛋白的负载机制　　113
　　六、纳米氢氧化镁对 Bt 蛋白抗紫外线和杀虫生物活性的影响　　115
　　七、昆虫肠道蛋白酶对 Cry11Aa 和 Cry11Aa-Mg(OH)$_2$ 的体外水解　　117
　　八、不同处理对肠道上皮细胞的破坏程度　　118
　　九、纳米氢氧化镁对 Cry 蛋白生物活性和抗紫外线能力可能的影响　　118
　第三节　纳米材料提高 Bt 生物农药在叶片抗冲洗能力的应用实例　　120
　　一、纳米氢氧化镁提高 Bt 抗冲洗性能设计　　120
　　二、Cry1Ac 蛋白与纳米氢氧化镁负载最佳条件　　123
　　三、纳米氢氧化镁负载 Bt 杀虫蛋白前后表征分析与生物活性测定　　123
　　四、Cry1Ac-Mg(OH)$_2$ 在棉花叶片的滞留能力　　124
　　五、对棉铃虫的生物活性测定　　126
　　六、纳米氢氧化镁的生物安全性　　126
　　七、纳米氢氧化镁提高 Cry1Ac 蛋白抗冲洗能力机理　　128

# 第九章　纳米生物农药的安全性评估　　129
　第一节　纳米生物农药在植物中的摄取和运输　　130
　第二节　纳米材料的生态毒性　　132
　　一、影响纳米材料生态毒性的因素　　132
　　二、纳米材料的毒性机理　　133
　　三、纳米材料的环境行为　　133
　　四、纳米材料对生态的毒性效应　　134
　第三节　纳米生物农药的环境风险评估　　136
　第四节　安全性管理与法律法规　　138
　　一、安全性管理的基本原则　　138
　　二、法律法规　　138
　参考文献　　140

# 第十章　纳米生物农药面临的挑战与未来发展趋势　　142
　第一节　技术难题与解决方案　　143
　　一、技术成熟度不够，生产成本高　　144
　　二、种类较少，应用成本高　　144
　　三、环境和健康风险评估没有统一标准　　145
　第二节　社会接受度与市场推广　　145
　第三节　法规与伦理问题　　146

第四节　纳米生物农药的未来发展趋势　　　　　　　147
　　　　一、新型纳米材料的开发　　　　　　　　　　　　147
　　　　二、高通量筛选与智能设计　　　　　　　　　　　148
　　　　三、纳米生物农药的可持续发展研究　　　　　　　148
　　参考文献　　　　　　　　　　　　　　　　　　　　149

# 附录　相关术语解释　　　　　　　　　　　　　　　150

CHAPTER 01

第一章
# 纳米技术概述

第一节 纳米尺度的定义与特性
第二节 纳米材料的分类与合成方法
第三节 纳米技术在农业中的应用

# 第一节
# 纳米尺度的定义与特性

## 一、纳米材料的定义

纳米尺度是一种长度单位,表示为纳米(nm),等于十亿分之一米($1nm=10^{-9}m$)。最早把这个术语用到科技上是1974年底,但是以"纳米"来命名材料是在20世纪80年代。纳米材料是纳米科技发展的重要基础。常说的纳米材料是指结构上具有纳米尺度特征的材料,纳米尺度为1~100nm。在纳米材料发展初期,纳米材料是指纳米颗粒和由它们构成的纳米薄膜和固体。现在,纳米材料是指在三维空间中至少有一维处于纳米尺寸(1~100nm)或由它们作为基本单元构成的材料,同时具备纳米尺度和性能的特异变化[1]。

## 二、纳米材料的特性

当小粒子尺寸进入纳米量级时,其结构的特殊性使其具备一系列新的效应。

(1)小尺寸效应　当纳米微粒尺寸与光波的波长、传导电子的德布罗意波长以及超导态的相干长度或穿透深度等物理特征尺寸相当或比它们更小时,晶体周期性的边界条件将被破坏,声、光、力、热、电、磁、内压、化学活性等与普通粒子相比均有很大变化,这就是纳米粒子的小尺寸效应(也称为体积效应)。

(2)表面与界面效应　纳米微粒由于尺寸小、表面积大、表面能高,位于表面的原子占相当大的比例。这些表面原子处于严重的缺位状态,因此其活性极高、极不稳定,遇见其他原子时很快结合使其稳定化,这种活性就是表面效应。纳米材料的表面与界面效应不仅会引起纳米粒子表面原子的输运和构型变化,还会引起自旋构象和电子能谱的变化。

(3)量子尺寸效应　当粒子尺寸下降到一定值时,费米能级附近的电子能级会由准连续态变为离散能级,吸收光谱阈值向短波方向移动。纳米微粒的声、光、电、磁、热以及超导性与宏观特性有着显著的不同,被称为量子尺寸效应。对于多数金属纳米微粒,其吸收光谱恰好处于可见光波段,从而成为光吸收黑体;而对于半导体纳米材料,可观察到光谱线随微粒尺寸减小而产生光谱线蓝移现象,同时具有光学非线性效应。

(4) 宏观量子隧道效应　隧道效应是指微观粒子具有贯穿势垒的能力。后来人们发现一些宏观量，如磁化强度、量子相干器件中的磁通量等也具有隧道效应，称之为宏观量子隧道效应。

# 第二节
# 纳米材料的分类与合成方法

## 一、纳米材料的分类

按照中国颗粒学会的划分，纳米材料的分类方法主要有以下几种：

(1) 按材质　纳米材料可分为纳米金属材料、纳米非金属材料、纳米高分子材料和纳米复合材料。其中纳米非金属材料又可分为纳米陶瓷材料、纳米氧化物材料和其他非金属纳米材料。

(2) 按纳米的尺度在空间的表达特征　纳米材料可分为零维纳米材料（即纳米颗粒材料）、一维纳米材料（如纳米线、棒、丝、管和纤维等）、二维纳米材料（如纳米膜、纳米盘、超晶格等）、纳米结构材料（即纳米空间材料，如介孔材料等）。

(3) 按形态　纳米材料可分为纳米粉末材料、纳米纤维材料、纳米膜材料、纳米块体材料以及纳米液体材料（如磁性液体纳米材料和纳米溶胶等）。

(4) 按功能　纳米材料可分为纳米生物材料、纳米磁性材料、纳米药物材料、纳米催化材料、纳米智能材料、纳米吸波材料、纳米热敏材料和纳米环保材料等。

## 二、纳米材料的合成方法

纳米材料的合成方法主要有液相法、气相法和固相法[2]。

### 1. 液相法

液相法主要包括沉淀法、水热法与溶剂热法、溶胶-凝胶法、模板法和溶剂蒸发法等。

(1) 沉淀法　是在金属盐类的水溶液中控制适当的条件使沉淀剂与金属离子反应，产生水合氧化物或难溶化合物，使溶液转化为沉淀，然后经分离、干燥或热分解而得到纳米级微粒的方法。化学沉淀法可分为直接沉淀法、均相沉淀法、醇盐水解沉淀法和共沉淀法。①直接沉淀法：金属离子与沉淀剂直接作用形成沉淀。②均相沉淀法：利用某一化学反应使溶液中的构晶离子由溶液中缓慢均匀地释放出来，通过控制溶液中沉淀剂浓度，使溶液中的沉淀处于平衡状态，且沉淀能在整个溶液中均匀地出现。③醇盐水解沉淀法：利用一些金属有机醇盐能溶于有机溶剂并可能发生水解反应，生成氢氧化物或氧化物沉淀的特性来制备纳米颗粒。④共沉淀法：在混合的金属盐溶液中添加沉淀剂得到多种成分混合均匀的沉淀，然后进行热分解得到纳米微粒。

（2）水热法与溶剂热法　指在高压釜里的高温（100～1000℃）、高压（1～100MPa）反应环境中，采用水作为反应介质，使得通常难溶或不溶的物质溶解，在高压环境下制备纳米微粒的方法。①水热法：使前驱物得到充分溶解，形成原子或分子生长基元，最后成核结晶，反应过程中还可进行重结晶。②溶剂热法：采用有机溶剂代替水作介质，扩大了水热技术的应用范围，可制备在水溶液中无法长成、易氧化、易水解或对水敏感的材料，反应过程易于控制，粒径的大小也可以有效控制。

（3）溶胶-凝胶法　是用易水解的金属化合物（无机盐或金属盐）在某种溶剂中与水发生反应，经过水解与缩聚过程逐渐凝胶化，再经干燥焙烧等处理得到所需材料的方法。其基本反应有水解反应和聚合反应，可在低温下制备纯度高、粒径分布均匀、化学活性高的单、多组分混合物（分子级混合），并可制备传统方法不能或难以制备的产物。

（4）模板法　就是将具有纳米结构、形状容易控制、价廉易得的物质作为模板，通过物理或化学的方法将相关材料沉积到模板的孔中或表面后移去模板，得到具有模板规范形貌与尺寸的纳米材料的过程。模板法主要包括硬模板法和软模板法。①硬模板法：利用材料的内表面或外表面为模板，填充到模板的单体进行化学或电化学反应，通过控制反应时间，除去模板后可以得到纳米颗粒、纳米棒、纳米线、纳米管、空心球和多孔材料等。经常使用的硬模板包括分子筛、多孔氧化铝膜、径迹蚀刻聚合物膜、聚合物纤维、碳纳米管和聚苯乙烯微球等。②软模板法：通常用于合成由两亲性分子（表面活性剂）形成的有序聚集体，主要包括胶束、反相微乳液和液晶等。

（5）溶剂蒸发法　是溶液在高温环境下不断蒸发的过程中，通过调整温度、浓度、溶剂挥发速度等因素来控制纳米颗粒的形貌和大小的方法。简单来说，就是将溶解了溶质的溶液进行蒸发，形成纳米颗粒。

**2. 气相法**

气相法主要包括化学气相沉积法、蒸发凝集法、溅射法等。

（1）化学气相沉积法　在气态下，通过化学反应并使反应产物蒸气形成很高的过饱和蒸气压，自动凝聚形成大量的晶核，这些晶核不断长大并聚集成纳米颗粒的过程。该方法主要可分成热分解反应沉积和化学反应沉积。具有均匀性好、可对整个基体进行沉积等优点。

（2）蒸发凝集法　通常是在真空蒸发室内充入惰性气体，通过蒸发源的加热作用，使待制的金属、合金或化合物气化或形成等离子体，与惰性气体原子碰撞而失去能量，然后骤冷使之凝结成纳米粉体粒子。

（3）溅射法　用高能粒子撞击靶材料，使靶材表面的原子或分子获得足够的能量飞出并沉积在基片上，形成纳米材料。该技术包括多种溅射方式，如阴极溅射、直流磁控溅射等。

### 3. 固相法

固相法主要包括粉碎法、高能球磨法、热分解法、固相合成法等。

（1）粉碎法　通过机械粉碎或电火花爆炸技术，可将材料细化至纳米级别。

（2）高能球磨法　利用球磨机的高速旋转或振动，对金属或合金进行强烈撞击、研磨和搅拌，实现纳米级颗粒的制备。

（3）热分解法　利用金属化物的热分解反应来制备纳米颗粒。

（4）固相合成法　在固相反应法中，反应物以固体形式存在，反应条件包括反应温度、反应压力、反应时间等。反应结束后，产物需要经过热处理和洗涤等工艺进行处理，最终得到所需要的纳米材料。

## 第三节
# 纳米技术在农业中的应用

纳米农业是指将纳米技术运用于农业领域，在国外已有十多年的发展历程。然而，我国纳米农业的研究还处于起步阶段。纳米技术为现代农业科学提供了新的科学方法论，主要涉及的研究方向有纳米农药、农业诊断、纳米肥料、纳米生物传感器、污染控制、可持续农业等[3]（图1-1）。将农药、肥料、兽药、疫苗、饲料等农业投入品纳米化、包埋或加工成智能化纳米传输系统，提高其渗透性，使其具有靶向、缓/控释等智能化环境响应特性，从而提高农业投入品的有效利用率，实现农业生产节本增效。纳米技术可以克服传统农业技术的局限性，加速动植物优良品种的繁育，提高动植物生产效益。利用纳米技术加工农产品，可以改善农产品的质量，减少环境污染。利用纳米材料和纳米技术，通过吸附或光催化降解污染物或有害微生物等途径，可以修复污染水体和土壤，实现农业环境改良，进而有效控制农业面源污染，实现农业清洁生产与可持续发展。此外，纳米材料和技术能用于检测食品和动植物病原微生物、农药残留及水污染等方面，对于保障食品和生态环境安全具有重要意义[4]。

图 1-1 纳米技术在农业生产中的应用

## 一、纳米技术在农业投入品中的应用

### 1. 纳米农药

农药在农业中扮演着至关重要的角色，有助于保护作物免受害虫、病害和杂草的侵害，从而确保粮食的稳定生产。然而，传统农药剂型有机溶剂用量大，这些溶剂不仅成本高，而且对环境和人体健康有害。农药在使用过程中可能会因为风力等自然因素发生飘移，污染非目标区域，影响其他作物或生态环境。一些农药剂型在施用后，其分散性不佳，不能均匀覆盖作物，这不仅降低了农药的使用效率，也可能导致农药残留问题。

纳米农药是纳米技术在农业植物保护领域中的一项新兴应用，在提高农药有效成分生物活性、使用效果和减少农药用量等方面具有明显优势。纳米农药利用纳米尺寸的载体或封装技术，将农药活性成分控制在纳米尺度范围内。这种尺寸的活性成分能更有效地穿透害虫的外骨骼，或通过植物的叶片和根部吸收，从而提高农药的生物活性和作用效率。将纳米材料与技术应用于农药领域，可以改变农药理化性质，使其变为高分散、易悬浮于水的稳定均相体，充分提高农药利用率。

纳米农药主要分为两大类，第一类是指在纳米尺度的有效成分的微粒，主要包括纳米金属或纳米金属氧化物农药制剂（如 Ag、Cu、Zn、Ti、Fe 和 Al

等），以及其他具有农药活性的纳米材料（如纳米硅、纳米壳聚糖、碳量子点、纳米二氧化铈）。第二类是指有效成分借助于纳米制备技术（聚合物载体和小分子物质），通过物理吸附、包裹或自组装所形成的纳米载药体系，主要包括纳米胶囊、纳米球、纳米凝胶、纳米胶束以及不同形状的纳米颗粒。常见的聚合物载体主要包括以下三类：有机聚合物（壳聚糖、淀粉和纤维素等天然多糖类；聚酯、聚脲、聚氨酯、聚醚、嵌段共聚物等合成低聚物和高分子等）、无机聚合物（纳米二氧化硅、纳米黏土、氧化石墨烯、纳米分子筛和氮化硼等）以及有机/无机杂化材料（金属有机骨架材料等）[5]。以纳米材料作为农药原药的载体，用于提高农药有效成分的溶解性、分散性、均匀性和稳定性等性质，从而提高农药在环境中的稳定性和有效利用率，降低农药残留，减少环境污染。与此同时，部分纳米载药颗粒还具有缓释和保护功能，可以控制农药的释放速度，延长药效期，减少农药分解和淋溶等的损失。

2. 纳米肥料

肥料的应用对农业生产至关重要，它不仅能够显著提升作物产量和质量，还是确保国家粮食安全的关键因素。当前，我国面临的一个挑战是肥料利用效率不高，这不仅造成了资源的浪费，引起了环境污染，还增加了农民的生产成本。纳米肥料通过采用先进的纳米材料技术、医药微胶囊技术及化工微乳化技术进行改性，形成了一种高效的新型肥料。同其他纳米材料一样，纳米肥料同样具有小尺寸效应，其比表面积相对较大，因而具有了特殊性能，使其肥效明显提高；同时可以不受土壤类型等复杂因素的影响，可大大减少对土壤和地下水的污染；在减少肥料对农作物污染的同时，极大地提高农作物产量，因此被称为"环境友好型肥料"。根据结构和效应，人们把纳米肥料分为纳米结构肥料、纳米材料胶结包膜缓/控释肥料、纳米碳增效肥料、纳米生物复合肥料四大类[6]。

3. 兽药和疫苗

纳米粒子因其特殊的物理化学性质，如快速、有效、高度特异性的解决方案、更高的稳定性、生物降解性、生物相容性，可用于工业、成像、工程和生物医学领域。纳米技术在兽医学中的应用包括疾病预防、诊断和治疗，免疫接种，疫苗生产，药物递送以及与动物生产相关的健康问题。例如，使用银纳米粒子和锌氧化物纳米粒子可以提高预防效果，降低抗药性，减少药物残留。纳米粒子可以用于提高成像质量和生物标记检测的精确度，还可以用于药物递送，提高药物效率，减少副作用，解决药物抗性问题[7]。

4. 饲料和添加剂

在动物饲养业的可持续发展领域，资源的有限性对提高饲料营养价值的策略构成了挑战。纳米技术在饲料科学中的应用为解决这一问题提供了创新的解决方案，因为纳米微粒的细小特质能够融合更多的营养元素，并且能够提高动物肠胃的吸收能力，促进动物的消化，使其能够更好更安全地成长。除此之外，纳米技术还大大缩减了动物饲料的料肉比以及料蛋比，这就更好地保证了动物饲料营养物质的充足，增强了动物的安全性以及健康性[8]。将纳米技术应用在动物饲料中，主要包括药物管理、营养、益生菌和矿物质的应用。纳米添加剂可以满足动物对微量矿物质的需求，具有高生物利用度、小剂量率和稳定交互作用等优点，同时纳米尺度的粒子提供了大表面积，可用于封装有价值的饲料成分，防止加工过程中的损失，并通过纳米胶囊传递营养。例如，纳米硒作为饲料添加剂可以提高血清抗氧化酶活性，纳米铬可以改善猪的血清生化指标和胴体特性，纳米银可以作为抗菌剂和生长促进剂，纳米锌可以改善免疫状态和生物利用度。

### 5. 植物生长调节剂

植物生长调节剂是指天然的或人工合成的低浓度即可影响植物发育和代谢过程的有机物。利用纳米材料处理种子，可以增强种子的活性，提高种子体内各种酶的活性，进而促进植物根系生长，提高植物对水分和肥料的吸收，促进新陈代谢，在原有品种农艺性状的基础上进一步提高植物的抗虫、抗病以及各种抗逆能力，达到增产和改善品质的效果。研究发现肥料负载在石墨烯量子点和纳米黏土的复合材料上，使材料具有高吸水性，可作为缓释剂和潜在的载体来管理矿物养分的释放和植物生长调节剂。多壁碳纳米管可以显著增加萝卜、油菜、黑麦草、莴苣、玉米、黄瓜种子的发芽率与根系的延伸[9]。将 30 nm 的硅颗粒混合在土壤中并用来萌发玉米，施用 100mg/kg 和 200mg/kg 的纳米硅材料均能显著提高玉米的萌发率，并增加幼苗叶片数量，同时茎秆也变得更加粗壮[10]。纳米材料调节植物生长的原理为，一些纳米材料能够渗透至种子中，增加了种子对水分的摄入，进而促进了种子的发芽率。此外如 $TiO_2$ 的光化学效应可以产生活性氧类的超氧化合物，增加种子的抗逆性，促进种子对水分和氧气的快速摄入。

## 二、纳米技术在农产品加工中的应用

纳米技术在农产品加工中的应用主要集中在提高食品的营养价值、安全性、质量和延长食品的保质期等方面。主要包括：

（1）纳米增强的包装材料　使用纳米材料可以开发出具有抗菌特性的包装，这有助于减少食品腐败和延长食品的保质期。例如，纳米银粒子具有抗菌效果，可以集成到包装材料中。

（2）纳米传感器　在食品加工和包装中，纳米传感器可用于检测食品中的微生物、毒素、残留农药和其他污染物。这些传感器具有高灵敏度和特异性，能够快速检测和识别极微量的有害物质。

（3）营养增强　纳米技术可以用于提高食品中的营养成分的生物利用度。例如，纳米级的维生素和矿物质更容易被人体吸收。

（4）食品加工技术　纳米技术可以用于改进食品加工过程。如在食品制造中使用纳米乳化技术，可以制备出更均匀、更稳定的产品。

（5）食品质量控制　利用纳米技术可以开发出更精确的检测方法来评估食品的质量，如检测食品的颜色、味道、质地和新鲜度。

（6）农药和肥料的纳米递送系统　纳米粒子可以作为农药和肥料的载体，提高其在作物中的有效性和减少其对环境的影响。

（7）食品添加剂的纳米化　将食品添加剂如防腐剂、抗氧化剂制成纳米尺寸，可以提高其在食品中的分散性和效果。

（8）改善食品的物理特性　纳米技术可以用于改变食品的物理特性，如通过纳米粒子改善食品的质地和口感。

（9）智能食品　结合纳米技术和信息技术，可以开发智能食品，这些食品可以监测环境条件并在必要时提供反馈。例如，通过颜色变化指示食品是否变质。

（10）食品安全　利用纳米技术可以检测食品供应链中潜在的污染源，确保食品的卫生和安全。

## 三、纳米技术在农业环境改良中的应用

纳米材料和技术在农业环境改良方面的应用日益广泛，它们有助于提高作物产量、改善土壤质量、减少环境污染和提高农业可持续性。

（1）土壤改良剂　利用纳米材料改善土壤结构，增加土壤的孔隙度和渗透性，从而提高土壤的保水和通气能力。

（2）土壤修复　纳米技术可用于修复受污染的土壤，例如利用纳米吸附剂清除土壤中的重金属或有机污染物。

（3）水处理　纳米材料可以用于水处理技术，去除水中的污染物，提供清洁的灌溉水，减少对作物的损害。

（4）作物保护　纳米涂层或纳米复合材料可以用于作物保护，防止病原体侵害，减少病害发生。

（5）精准农业　纳米传感器可以用于监测土壤和作物的状态，实现精准施肥、灌溉和病虫害管理。

（6）农业废弃物处理　纳米技术可以帮助将农业废弃物转化为有价值的产品，如利用纳米催化剂将废弃物转化为肥料或能源。

# 参考文献

[1] 白春礼. 纳米科技及其发展前景[J]. 科学通报. 2001（2）：89-92.

[2] 钱军民,李旭祥,黄海燕. 纳米材料的性质及其制备方法[J]. 化工新型材料,2001（7）：1-5.

[3] 孙长娇,崔海信,王琰,等. 纳米材料与技术在农业上的应用研究进展[J]. 中国农业科技导报,2016,18(1)：18-25.

[4] Zhao X, Cui H X, Wang Y, et al. Development strategies and prospects of nano-based smart pesticide formulation[J]. Journal of Agricultural and Food Chemistry, 2018, 66 (26)：6504-6512.

[5] 曹立冬,赵鹏跃,曹冲,等. 纳米农药的研究进展及发展趋势[J]. 现代农药,2023,22 (2)：1-10.

[6] 刘秀伟,袁琳,罗迎娣,等. 纳米肥料制备研究进展[J]. 河南化工,2017,34(10)：7-11.

[7] Jafary F, Motamedi S, Karimi I. Veterinary nanomedicine: Pros and cons[J]. Veterinary Medicine and Science, 2023, 9：494-506.

[8] 李国红. 纳米技术在畜牧兽医上的应用前景[J]. 畜牧兽医科技信息,2016(4)：9.

[9] Khodakovskaya M, Dervishi E, Mahmood M, et al. Carbon nanotubes are able to penetrate plant seedcoat and dramatically affect seed germination and plant growth[J]. ACS Nano, 2009, 3(10)：3221-3227.

[10] Yuvakkumar R, Elango V, Rajendran V, et al. Influence of nanosilica powder on the growth of maize crop (*Zea mays* L.)[J]. International Journal of Green Nanotechnology, 2011, 3(3)：180-190.

# 第二章
# 生物农药的概念与发展

第一节　生物农药的定义与分类
第二节　生物农药的作用机制
第三节　生物农药的历史与发展现状
第四节　Bt 生物农药

# 第一节
# 生物农药的定义与分类

## 一、生物农药的定义

根据联合国粮食及农业组织（FAO）和世界卫生组织（WHO）的定义，生物农药是源于自然界的、以类似于常规化学农药的方式配制和应用的物质，通常应用于短期有害生物控制，它包括微生物、植物源物质、化学信息素等[1]。根据美国国家环境保护局的定义，生物农药是从天然材料中提取的农药，包括生物化学农药、微生物农药和转基因植物农药[2]。因此生物农药并没有具体定义，一般是指利用生物活体（真菌、细菌、昆虫病毒、转基因生物、天敌等）或其代谢产物（信息素、生长素、萘乙酸、2,4-D等）及植物提取物等，针对农业有害生物进行杀灭或抑制的制剂。《农药登记资料要求》分别定义了生物化学农药、微生物农药、植物源农药，并制定了相关的登记资料要求。

生物农药具有以下特点：①环境友好性。生物农药通常具有较低的残留和较小的环境影响。②目标专一性。许多生物农药具有针对特定害虫或病原体的特性，可有效减少对非靶标生物的影响。③可持续性。生物农药对于维持生态系统平衡和减少害虫抗药性发展具有积极作用，从而促进农业的可持续性发展。④多样性。生物农药的来源多样，包括细菌、真菌、病毒、植物提取物和动物源性物质等。

## 二、生物农药的分类

生物农药是一种源自自然界的农药，包括微生物农药、植物源农药和生物化学农药，其特点是对环境影响小、对非目标生物和天敌的选择性较高，并通常用于短期有害生物控制。

（1）微生物农药　指以细菌、真菌、病毒和原生动物或基因修饰的微生物等活体为有效成分的农药。广义的微生物农药，除了以微生物活体，还包括以微生物的代谢产物为有效成分的农药。微生物农药在植物病虫害防治方面，具有杀虫效率高、专一性突出、对人和动物无毒以及对环境无污染等优势。同时，还可提升植物的抗性，实现理想的病虫害防治效果，从而助推农业可持续发展。微生物农药主要包括细菌类微生物农药、真菌类微生物农药和病毒类微生物农药。

① 细菌类微生物农药。细菌活体农药主要通过其营养体芽孢在害虫体内繁殖或代谢分泌活性蛋白酶和抗生素等方式，来防治或杀死有害生物。在杀虫剂方面，苏云金芽孢杆菌（*Bacillus thuringiensis*，简称Bt）是目前应用最广泛的细菌杀虫剂有效成分之一，我国登记的含有苏云金杆菌的杀虫剂达246种[3]。在杀菌剂方面，我国目前登记的细菌杀菌剂中有效成分主要包括荧光假单胞杆菌、枯草芽孢杆菌、解淀粉芽孢杆菌和蜡质芽孢杆菌等，其中大多数是以枯草芽孢杆菌为有效成分的杀菌剂。在除草剂方面，细菌类微生物除草剂研发数量较少，有待学者进一步开发和利用。

② 真菌类微生物农药。指以真菌的活体（包括各种孢子和菌丝）制成的农药。在杀虫剂方面，真菌杀虫剂的有效成分主要有球孢白僵菌、金龟子绿僵菌和淡紫拟青霉等，这些真菌都具有很强的侵染性，能够通过菌丝入侵虫体、酶类水解作用、抑制昆虫免疫等途径达到杀虫效果。在杀菌剂方面，木霉菌因抗菌范围广、抑菌效果强、生长速度快、产孢能力强而受到较多研究，是目前利用较多的真菌杀菌剂。在除草剂方面，已筛选出多株对牛筋草、稗草、千金子和马唐等杂草有致病性的菌种资源，其不仅对杂草致病，同时也对棉花、小麦和水稻等作物安全。

③ 病毒类微生物农药。指利用病毒或其代谢产物作为活性成分，应用于防治农作物害虫的一类生物农药。我国研究历史较长的病毒杀虫剂有效成分为杆状病毒科的核型多角体病毒（NPV）、质型多角体病毒（CPV）、颗粒体病毒以及呼肠孤病毒科的质型多角体病毒。

（2）植物源农药　指利用植物根、茎、叶、花、果实和种子等部分经粗加工，或提取及人工合成的活性成分加工而成的农药制剂。由于其原料来自植物，又被称为"中草药农药"。植物源农药具有如下优点：首先，植物源农药由于来源于植物本身，因此不会对作物产生药害，并且具有良好的降解途径，不会对环境造成污染，具有良好的环境相容性。此外，植物源农药的生物活性多种多样，不仅能够杀虫、杀菌，还能够调节植物生长、增强免疫力、增加肥效以及保鲜等。与此同时，植物源农药对高等动物和害虫天敌基本安全，由于其通常由多种成分组成，其作用机制与一般化学农药不同，因此很难产生抗药性。印楝、番荔枝、巴婆、万寿菊等植物是研究较多的植物源农药资源。其中从印楝树中提取的印楝素被认为是全球农药使用最成功的植物源农药之一[4]，印楝素对昆虫具有毒杀、拒食、忌避和抑制生长发育等作用，但不会伤害有益昆虫。

（3）生物化学农药　指天然产生的或与天然化合物结构相同的（允许异构

体比例的差异），对防治对象没有直接毒性而只有调节生长、干扰交配或引诱等特殊作用的农药。生物化学农药主要包括化学信息物质、昆虫生长调节剂、植物生长调节剂、植物诱抗剂和其他生物化学农药等类别，可以是天然来源或化学合成，但都对靶标生物无直接致死作用。化学信息物质是由动植物分泌的，能改变同种或不同种受体生物行为的化学物质。天然植物生长调节剂是由植物或微生物产生的，对同种或不同种植物的生长发育具有抑制、刺激等作用或调节植物抗逆的化学物质。天然昆虫生长调节剂是由昆虫产生的对昆虫生长过程具有抑制、刺激等作用的化学物质。天然植物诱抗剂指能够诱导植物对有害生物侵染产生防卫反应，提高其抗性的天然源物质。其他生物化学农药包括符合生物化学农药定义的物质，如胆钙化醇和双链寡聚核苷酸等。

## 第二节
## 生物农药的作用机制

### 一、微生物农药的作用机制

微生物农药是一种利用微生物（如细菌、真菌、病毒等）及其代谢产物来控制害虫、病原体和杂草的农药。细菌类微生物农药利用产生的有毒代谢物来破坏和防止害虫的生长。苏云金芽孢杆菌（Bt）是微生物农药制剂生产中最受欢迎的细菌菌株，Bt毒素和Cry蛋白的环保和选择性作用方式使其更有效且更适合作为化学农药的替代品[5-6]。病毒类微生物农药不会对人类和非目标生物造成危害。由于高度宿主特异性，杆状病毒被用作病毒性生物农药的活性成分[7]。杆状病毒对昆虫具有特异性，用于控制棉花、蔬菜作物、森林和观赏植物中的鳞翅目害虫。真菌类微生物农药（如木霉菌）表现出多种机制，如真菌寄生、竞争以及裂解酶和抗生素的产生，这些机制在改善植物对压力管理的反应，对植物产生积极的调节作用的基础之上可能会对害虫产生负面影响，从而达到杀虫效果[8]；线虫诱捕真菌可作为控制线虫的生态友好且经济高效的替代品，其中真菌 *Arthrobotrys flagrans* 可作为生物线虫杀灭剂，具有巨大潜力[9]。微生物农药的作用机制复杂多样，不仅可以直接杀灭目标有害生物，还可以通过调节生物体内部的生理过程或影响生态系统的平衡来实现害虫、病原体和杂草防治的目的。

### 二、植物源农药的作用机制

植物源农药的作用机制主要包括破坏病原菌细胞膜和细胞壁、抑制细胞壁合成、干扰病毒粒子的复制和转录、影响神经系统等。与化学农药不同，植物源农药并非通过直接杀死害虫或病原体，而是通过调节植物体内的生理代谢、增强其抗病性、促进其生长发育等方面来实现防治效果。

### 三、生物化学农药的作用机制

生物化学农药是指利用生物体内的化学物质或化合物对害虫、病原体、杂草等进行控制和防治的农药。相较于传统的化学农药，生物化学农药更加环保、可持续，对环境和生态系统的影响更小。其作用机制多样，可以通过影响害虫的生理、代谢、行为等方面来实现防治效果。

化学信息物质可用于农业或非农领域，如预测虫情、诱杀诱捕、使昆虫迷向以及干扰昆虫交配等。植物生长调节剂在进入植物体后发挥类似植物激素的生理和生物学效应，从而实现对植物的生长发育、株形、根茎膨大、植物性别分化、抗逆性、产量和品质等方面进行调控。昆虫生长调节剂能够在昆虫个体发育过程中阻碍或干扰昆虫正常生长发育，导致昆虫生活能力降低并最终死亡，从而有效控制其种群密度。植物诱抗剂主要包括糖类、蛋白质类、多肽类和脂肪酸类等，通过调控植物体内多级信号分子和内源性激素的作用，激活植物防卫或过敏反应，引发防御基因的表达，促使相关蛋白酶和次生代谢物产生并不断积累，以增强植株对生物和非生物胁迫的耐受力，同时促进植株的生长发育。除了以上几类生物化学农药，还有一些特殊的化合物如胆钙化醇和双链寡聚核苷酸等，它们也具有特殊的作用机制。例如，胆钙化醇在摄入后能够影响生物体对钙和磷的吸收，引起高钙血症而导致生物的死亡。而双链寡聚核苷酸则通过 RNA 干扰机制，阻断有害生物基因的表达，实现对害虫的控制。

总的来说，生物化学农药的作用机制涉及对害虫或植物内部生物过程的干扰或模拟，以达到控制害虫、促进植物生长或提高抗性的目的。这些化合物的使用在农业生产中发挥着重要的作用，为农民提供有效的保护农作物和提高产量品质的途径。随着分子生物学和基因组学的发展，对生物农药作用机制的研究越来越深入。科研工作者通过基因工程改造微生物，提高其作为生物农药的效率和专一性，同时通过蛋白质工程改进生物农药的稳定性和环境适应性。生物农药在可持续农业和有机农业中扮演着重要角色，它们为减少化学农药的使用、保护环境和人类健康提供了有效的替代方案。未来，随着技术的进步和消费者对食品安全和环境保护意识的提高，生物农药的应用将越来越广泛。

## 第三节
# 生物农药的历史与发展现状

生物农药的历史可以追溯到20世纪50年代,当时开始出现了一些早期的生物农药产品。然而,直到20世纪70年代,随着生物技术的迅速发展,生物农药的研发才真正掀起了高潮。这一时期,人们开始关注自身健康和生存环境,意识到传统的化学农药对人类健康和生态环境造成的潜在威胁,因此开始寻求更加可持续的农业发展方式[10]。在1988年联合国粮农组织(FAO)对可持续发展农业进行了定义,强调了使用和保护自然资源的基本方式,包括技术和机制性变革,以满足现代社会对农产品和生存环境的需求。在这一理念的指导下,21世纪农药的内涵发生了根本性的改变,不再单纯追求杀灭有害生物,而是更加注重抑制、调节和影响有害生物的生长和繁殖,同时保护有益生物,提高农作物产量以满足人们对农产品的需求。

然而,传统化学农药在长期使用过程中引发了人畜中毒和环境污染等严重问题,加之害虫的抗药性逐渐增加,给农业生产和生态环境造成了严重影响。因此,人们开始寻求更加安全、绿色的农药替代品,生物农药应运而生。1992年,世界环境和发展大会第21条决议指出,到2000年要在全球范围内控制化学农药的销售和使用,生物农药的产量达到60%。因此,20世纪90年代以来,全世界生物农药销售量大增。大部分生物农药具有安全无毒、无残留、不污染环境、不破坏生态平衡、不影响农产品的质量和品质等特点,是发展绿色食品必不可少的生产资料。十九大以来,绿色发展成为新形势下行业发展的主旋律,高毒、高残留农药逐步退出市场,化学农药减量施用,低毒低残留生物农药成为市场新宠。生物农药、绿色植保是农业绿色发展和质量兴农的重点之一,抓好生物农药的研发生产和推广应用是确保农产品质量安全的重要举措。2021年6月28日,农业农村部对十三届全国人大四次会议第9000号建议进行了答复,高度重视农药产业科技创新工作,不断加大农药研发投入。"十三五"期间,利用现代农业产业技术体系,每年投入中央财政经费约1.113亿元,在生物农药、高效低毒化学农药及天敌产品等方面研发取得显著成效。国家重点研发计划"化学肥料和农药减施增效综合技术研发"重点专项,中央财政投入科研经费23.29亿元,在微生物农药、天敌产品等方面开展科研攻关,为促进农业可持续发展提供了有力的科技支撑。

生物农药作为一种替代传统化学农药的可持续选择,正在逐渐发展和商业化。尽管目前生物农药受到一些限制,如生产成本高、储存稳定性差等问题,但其市场前景仍然广阔。我国在2023年新生物农药占新农药品种数量的

90%，且100%由国内企业自主或合作研发。截至2023年12月31日，我国在有效登记状态的农药有效成分738个（不包括仅限出口的30个新农药），登记产品45659个（不包括仅限出口产品，下同），与2022年同比增加了1.89%，其中大田用农药42763个、卫生用农药2896个。2013～2023年，农药登记数量的年均增长率为4.38%（图2-1）[11]。在有效登记状态的生物农药有效成分有152个、产品有2000余个，占我国有效成分的20.6%，占产品的4.38%（其占比均不包括仅限出口的数量）。如图2-2所示，2015～2023年，生物农药产品的年均增长率为7.55%[11]。在国家政策鼓励下，近期生物农药产品登记较快，说明其研发和生产能力在提高，从侧面也反映出由于新化学农药登记门槛的提高，许多企业转向研发、登记资料要求相对宽容的生物农药。同时也表明生物农药在中国市场的应用范围将继续扩大，市场活力也将不断提升。政府对生物农药产业的支持力度也持续增加，出台了一系列政策文件，进一步鼓励优先发展生物农药产业，加大对生物农药的研发投入，完善登记审批制度等措施。这些政策的实施为生物农药产业提供了更为稳定和可持续的发展环境，为行业发展提供了重要保障。

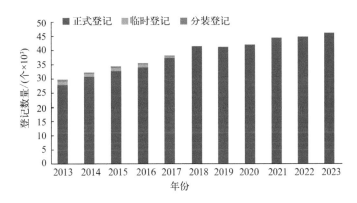

图2-1　每年农药登记数量

随着人们对绿色、无残留农产品的需求不断增加，生物农药将继续成为主流的选择，发展前景依然广阔，其持续发展将为实现绿色、可持续农业发展目标贡献更大力量。未来将加大生物农药研究与开发投入，确定其作用机制以扩大活性范围，改善生物农药输送系统和田间性能，延长保质期并降低生产成本。此外，生物农药在农业领域具有重要意义，能够作为可持续农业的关键组成部分，减少化学农药使用量的同时保持作物生产力水平，将为农业生产提供更为可持续和环保的解决方案，同时也有助于减少农药对环境的不良影响。

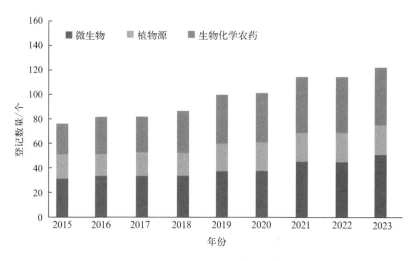

图 2-2 每年各类生物农药产品数量

## 第四节
## Bt 生物农药

苏云金芽孢杆菌（Bt）是一种在土壤中广泛分布的革兰氏阳性细菌，能够分泌对靶标昆虫具有特异活性的毒素蛋白，同时对人畜及其他高等动物无害，成为当前研究最为深入、应用最为广泛的微生物杀虫剂。Bt 的发现和应用至今已百余年，在人类农业生产上发挥不可估量的作用，同时在林业、公共卫生以及医疗等领域具有巨大的发展潜力和应用空间。Bt 的个体形态简单，生活过程中存在营养期[营养细胞如图 2-3（a）所示]、孢子囊期，孢子囊到一定时间后破裂，释放出游离的芽孢和杀虫晶体蛋白[图 2-3（b）]。

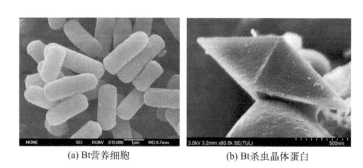

(a) Bt营养细胞　　　(b) Bt杀虫晶体蛋白

图 2-3 扫描电镜观察 Bt 营养细胞和晶体蛋白

Bt 能产生对多种昆虫或其他无脊椎动物有害的活性成分。这些活性成分有的是蛋白质，有的是小分子物质；有的在细菌营养生长期产生，有的在芽孢形成期产生；有的分泌到细菌外，有的贮存在细胞内。至今，研究人员已经从 Bt 中找到了十几种有着不同功能的生物活性成分，如杀虫晶体蛋白、营养期杀虫蛋白、几丁质酶、$\beta$-外毒素、双效菌素、免疫抑制因子 A 等。当前有关 Bt 杀虫晶体蛋白的作用机制已经得到了较深入的研究，一般为晶体蛋白被昆虫取食后进入中肠，在昆虫碱性肠道内溶解出原毒素，原毒素被幼虫肠道消化酶酶解活化，切割出毒素活性片段，而后与中肠刷状缘膜（BBMV）上的受体蛋白结合，进而形成多聚体嵌入细胞膜，引起细胞渗透压紊乱、离子失衡或细胞内容物流出，导致细胞死亡或者凋亡（其作用机制见图 2-4）。

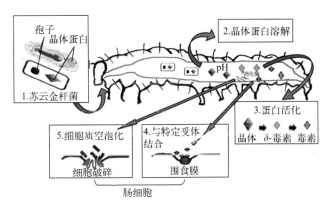

图 2-4　Bt 杀虫蛋白作用机制模式图[12]

Bt 作为生物农药的主力军，具有众多优点，促使许多国家如美国、日本、比利时、法国、英国、瑞士、德国等纷纷投入大量人力、物力研究开发。世界上原先许多"化工巨子"如杜邦公司、孟山都公司、拜耳公司等都加入这一行列。我国研究和应用 Bt 始于 1959 年，从苏联和捷克引进了蜡螟亚种，于 1965 年分别在长沙和武汉进行了工业化生产，到 20 世纪 70 年代工业产品每年达 1000t 左右。改革开放后 Bt 生产发展十分迅速，福建农林大学自 1980 年开始分离菌株，从不同生境分离到有特色的菌株，开展了分子生物学的基因鉴定，对提高生产企业的产品效价具有重要作用，促进了我国 Bt 产品的出口和国内的广泛应用。目前国内 Bt 制剂年产量超过 3 万吨，使用面积超过 300 万公顷，是应用规模最大的细菌类生物农药[13]。

国际上对 Bt 的研究趋势集中表现在：

### 1. 寻找 Bt 新资源，发掘新功能

1901～1976 年半个多世纪时间里，人们仅把 Bt 局限于对鳞翅目害虫有效。1977 年发现它对双翅目的蚊和蚋有活性后，打破了人们固有的观念，也

启迪人们去筛选有新活性的菌株。1983 年发现对鞘翅目，1990 年发现对螨类，1993 年发现对虱目、同翅目、膜翅目，1994 年后发现对直翅目和双翅目毛蠓科等 9 个目 600 种有害生物有活性。目前科学家们聚焦于能产生几丁质酶、具有降解有机合成农药、具有防治植物病害或能特异杀伤癌细胞等 Bt 菌株。1962 年 Bt 仅有 5 个血清型，1972 年有 12 个（翻一番），1981 年有 19 个，1992 年有 34 个，1996 年有 55 个，1998 年有 82 个。目前，芽孢杆菌遗传储备中心（BGSC）中储存了 191 个具有明确 H 血清型的 Bt 菌株，30 个菌株被提交到 pubMLST *B. cereus* 数据库[14]，可见近年来年来其发展速度极快。

### 2. 工程菌的应用

1995 年 Ecogen 公司注册了 EG7673 为生产菌株的 Raven$^{TM}$，标志着第一个真正意义上的工程菌投入商业化生产。近年来通过质粒消除、原生质体融合、接合转移、转化和基因重组等进行 Bt 遗传改良，构建了不同用途的工程菌。目前人们正尝试将所克隆的不同靶标害虫的高毒力基因进行重组以拓宽杀虫谱、提高毒力和延缓抗性，也可通过启动子替换与辅助蛋白基因重组以及利用定位诱变技术以扩展其杀虫谱和提高其杀虫活性。此外，亦可将以上杀虫基因转入枯草杆菌、假单孢杆菌中表达或将 *harpin* 基因转入 Bt 中与 *cry* 基因互作，以获兼具杀虫防病的工程菌。

### 3. 依托现代生物技术

随着生物技术的发展，生物农药的研究和开发取得了显著进展。基于基因工程，通过基因编辑技术（如 CRISPR/Cas9）改造微生物或植物，增强其抗虫或抗病能力。基于蛋白质工程，对生物农药中的活性蛋白进行改造，提高其稳定性和杀虫效果。基于纳米技术，利用纳米技术提高生物农药的传递效率和释放控制。基于合成生物学，设计和构建新的生物系统，生产生物农药或增强植物的自然防御能力。作为下一步深化多功能工程菌的研究，可将 Bt 杀虫基因与降解农药或与增产、固氮、除草的基因重组，从而获得杀虫、防病、增产、除草、降解有机合成农药的多功能"超级菌"。

# 参考文献

[1] 袁杨，杨红艳. 我国生物农药发展历程及应用展望[J]. 南方农业，2022，16(11)：59-63.

[2] Jhala J，Baloda A S，Rajput V S，et al. Role of bio-pesticides in recent trends of insect

pest management: A review[J]. Journal of Pharmacognosy and, Phytochemistry, 2020, 9(1): 2237-2240.

[3] 张慧,许宁,曹丽茹,等. 我国微生物农药的研发与应用研究进展[J]. 农药学学报, 2023, 25(4): 769-778.

[4] Aribi N, Denis B, Kilani-Morakchi S, et al. Azadirachtin, a natural pesticide with multiple effects[J]. Médecine/sciences (Paris). 2020, 36(1): 44-49.

[5] Ferreira F V, Musumeci M A. Trichoderma as biological control agent: Scope and prospects to improve efficacy[J]. World Journal of Microbiology & Biotechnology, 2021, 37(5): 90.

[6] Hezakiel H E, Thampi M, Rebello S, et al. Biopesticides: A green approach towards agricultural pests[J]. Applied Biochemistry and Biotechnology, 2023, 7: 1-30.

[7] Chaudhary M. Recent trends in insect pest management[M]. Rohini: AkiNik Publications, 2020.

[8] Lyubenova A, Rusanova M, Nikolova M, et al. Plant extracts and *Trichoderma spp.*: Possibilities for implementation in agriculture as biopesticides[J]. Biotechnology & Biotechnological Equipment, 2023, 37(1): 159-166.

[9] Wernet V, Fischer R. Establishment of *Arthrobotrys flagrans* as biocontrol agent against the root pathogenic nematode *Xiphinema index*[J]. Environmental Microbiology, 2023, 25(2): 283-293.

[10] 关雄. 苏云金芽孢杆菌8010的研究[M]. 北京:科学出版社,1997.

[11] 李友顺,白小宁,李富根,等. 2023年及近年我国农药登记情况和特点分析[J]. 农药科学与管理, 2024, 45(2): 10-19+28.

[12] Schünemann R, Knaak N, Fiuza L M. Mode of action and specificity of *Bacillus thuringiensis* toxins in the control of caterpillars and stink bugs in soybean culture[J]. ISRN Microbiology, 2014, 2014:135675.

[13] 周蒙. 中国生物农药发展的现实挑战与对策分析[J]. 中国生物防治学报, 2021, 37(1): 184-192.

[14] Wang K, Shu C, Soberón M, et al. Systematic characterization of Bacillus Genetic Stock Center *Bacillus thuringiensis* strains using multi-locus sequence typing[J]. Journal of Invertebrate Pathology, 2018, 155: 5-13.

CHAPTER 03

第三章
# 纳米生物农药的科学基础

第一节　纳米生物农药的设计理念
第二节　生物农药中常见的纳米载体
第三节　纳米载体在生物农药中的应用
第四节　纳米生物农药的稳定性与生物相容性

# 第一节
# 纳米生物农药的设计理念

生物农药具有专一性强、无残留毒性、无污染、可侵染传播等一系列优点，但是也存在诸多问题，包括速效性差、持效期短、环境稳定性差、剂型单一、难以机械化操作等，使其应用受到一定的限制。为了突破这些限制，解决生物农药的应用问题，将纳米技术引入生物农药中，即构建纳米生物农药。

纳米生物农药是指利用纳米技术制备的含有生物活性成分的农药。这种农药通过纳米尺度的控制，实现了对生物活性成分的高效封装、定向释放和精准作用。与传统农药相比，纳米生物农药具有更高的生物活性、更低的使用剂量和更小的环境风险。

纳米生物农药设计理念的创新点在于，通过纳米材料的封装，可以提高生物活性成分的稳定性和生物利用度，减少其在环境中的降解和流失。可以利用纳米载体的靶向性实现农药的定点释放，减少对非靶标生物的影响。同时，通过设计环境响应型的纳米载体，根据环境条件（如pH值、温度等）控制农药的释放速率。此外，结合纳米技术和生物技术，开发具有杀虫、杀菌、营养等多种功能的一体化农药。

纳米生物农药的优点在于纳米尺度的封装可以显著提高生物活性成分的生物利用度，从而提高农药的杀虫和杀菌效率。同时，纳米生物农药的使用剂量可以大幅降低，减少了环境的负担。而纳米载体的生物降解性可以减少农药在作物和环境中的残留。通过精准作用和靶向释放，减少了对非靶标生物和人类健康的潜在风险。

# 第二节
# 生物农药中常见的纳米载体

纳米粒子具有小尺寸和高比表面积，与它们的块状材料相比，具有特殊的物理化学性质，如特定的理化性质、物理强度、光-电性质、热性质、磁性和生物活性，当前在农业领域有较为广泛的应用。目前应用于制备纳米生物农药的载体主要可分为有机纳米载体（壳聚糖、环糊精、脂质体等）、无机纳米载体（介孔二氧化硅、层状双氢氧化物、埃洛石纳米管等）以及有机-无机杂化纳米载体（金属-有机骨架材料、二氧化硅-环糊精、二氧化硅-淀粉、二氧化硅-单宁酸等）。而在农业中使用最广泛的纳米材料包括银、铜、钛、锌、二氧化硅、金、铝、铁、甲壳素、壳聚糖、纳米黏土、石墨烯、多壁碳纳米管和生物聚合物。其制备方法主要包括沉淀法、凝胶-溶胶法、反向微乳法，并通过吸附（静电吸附和共价吸附）、偶联、包裹以及镶嵌等方式负载生物农药活性成分，使活性成分紫外线稳定性提高，病虫害穿透性加强，抗雨水冲刷，实现靶向释放以及缓慢释放，增加病虫害对生物农药的利用度，降低生物农药的投放量，并最终提高生物农药的防治效果。

## 一、有机纳米载体

相较于其他载体，有机纳米载体具有生物可降解的特性，因此其被广泛应用于生物活性分子的封装。根据活性成分的特点，采用与之相匹配的有机纳米材料吸附或者包裹活性成分，使之具有良好的环境稳定性和合适的作用持效期。根据载体来源不同，又可将有机纳米载体分为天然聚合物纳米载体和人工合成纳米载体。其中，天然聚合物纳米载体是从自然动植物以及微生物中提取的大分子物质，其具有优异的环境相容性和活性成分搭载能力，提高生物活性成分持效期的同时能够保证载体材料不在自然环境中长期残留，很好地契合生物农药的特性。

目前应用较多的天然有机纳米载体包括木质素、壳聚糖、纤维素、环糊精、蛋白质、脂质体、透明质酸等。其中木质素广泛应用于制备纳米农药，是一种从植物中提取的具有三维空间结构的天然高分子化合物。分子内含有大量的抗氧化活性基团，可保护生物活性成分免受紫外线等环境因素的影响，提高其作用持效期。同时，其分子结构易于进行改造，进一步增加了所构建纳米生物农药的应用范围。此外，考虑到一些植物病虫害具有分泌漆酶从而提高对植物侵染效率的特点，利用木质素作为载体可制备具有植物病虫害酶响应释放的智能型纳米生物农药，提高药物的持效性和靶向性作用[1]。

壳聚糖是一种源自甲壳素的纤维化合物，而甲壳素是第二丰富的天然多糖，由甲壳类动物（包括螃蟹、虾和龙虾）产生。壳聚糖具有许多独特的性质，包括生物相容性、生物降解性和亲水性，并且相对无毒且具有阳离子性。以壳聚糖为基质组装的壳聚糖纳米载体可用于包封生物活性成分，制备方法包括离子凝胶法、微乳液法、聚电解质络合法、乳化溶剂扩散法和反胶束法等，可提高生物活性成分在植物叶片表面的停留能力，增加药物对环境紫外线以及降解酶的稳定性，提高药物的传导性、酸碱响应释放以及酶活响应释放[2]。

环糊精是直链淀粉在由芽孢杆菌产生的环糊精葡萄糖基转移酶作用下生成

的一系列环状低聚糖的总称，通常含有 6～12 个 D-吡喃葡萄糖单元。目前研究和应用较多的包括含有 6 个、7 个、8 个葡萄糖单元的分子，分别称为 $\alpha$-环糊精、$\beta$-环糊精和 $\gamma$-环糊精。环糊精是一种外源亲水而内腔疏水的呈锥形的圆环，因此可将疏水性生物农药活性成分包封在环糊精内部，以增加活性成分的水溶解性和环境稳定性。此外，环糊精还可与壳聚糖等聚合物组装形成具有酸碱响应和酶响应的纳米颗粒，增加生物活性成分的稳定性和靶向释放性。因此，结合不同有机纳米载体的优点，可制备出性能更为优良的纳米生物农药。

脂质体可用于转基因或制备复合药物，利用脂质体可以和细胞膜融合的特点，将药物送入细胞内部。研究人员将阿维菌素包封于脂质体内，形成纳米囊泡，该囊泡具有多室结构和热响应性，可提高对甜菜夜蛾（*Spodoptera exigua* Hübner）等靶标生物的控制效果。同时，其对非靶标生物也具有良好的安全性，具有广阔的应用前景[3]。

相较于天然聚合物纳米载体，合成聚合物纳米载体具有更明显的应用优势。首先，合成聚合物可根据生物活性成分的特点，增加聚合物与药物的结合能力并实现药物的可控释放。其次，合成聚合物还具有更为丰富的种类以及更高的稳定性。目前合成聚合物应用较多的主要包括羧甲基纤维素、聚 $\varepsilon$-己内酯、聚丙交酯、乳酸-乙醇酸共聚物、聚乳酸-羟基乙酸共聚物、聚乳酸、聚丁二酸二甲酯-聚乙二醇共聚物等。

## 二、无机纳米载体

相较于有机纳米载体，无机纳米载体具有更高的稳定性，被广泛应用于制备纳米生物农药。目前应用较多的载体包括纳米介孔二氧化硅、层状双氢氧化物、氢氧化镁、二氧化钛、氧化锌、四氧化三铁、碳酸钙、埃洛石纳米管等。其中，纳米介孔二氧化硅是目前应用最为广泛的无机纳米载体，其本身就可直接作用于植物病虫害，并通过增强植物相关抗性基因的表达，提高作物对病虫害的抗性。[4] 纳米介孔二氧化硅具有优异的稳定性，同时还具有比表面大、粒径和孔径可调、表面易于改性与功能化以及优良的生物相容性等特点。因此，介孔二氧化硅具有较高生物活性成分负载能力，可有效增加药物在保护作用对象中的传输传导，提高药物应对环境紫外线以及微生物降解酶的稳定性。此外，还可根据靶标防控对象所处的特定环境（如酸碱性、光照、温度）和生物内部特定环境（如昆虫肠道酸碱性、肠道特定分解酶）实现药物的精准靶向释放，从而提高药物利用度和靶向防控效率[5]。目前，以介孔二氧化硅为载体所构建纳米生物农药的方式可分为事先合成介孔二氧化硅后负载生物农药活性成分以及采用"一锅法"同时将活性成分包裹和镶嵌在材料内部的方式。

层状双氢氧化物俗称水滑石，是由数层带正电荷的层与存在其中间平衡电荷的阴离子组成。中间的阴离子和层与层间作用力弱，且通常是可以被交换的，因此可将药物活性成分包封在层与层之间，增加其环境稳定性。同时，该材料表面还分布有众多细小的孔隙，可用于吸附双链 RNA（dsRNA），将 dsRNA 与 RNA 酶隔离，从而提高 RNA 的稳定性以及 RNA 干扰效率。此外，水滑石是一种典型的碱性材料，可在雨水等弱酸性条件下缓慢分解，该特性赋予了其包封药物的缓释的特性，从而提高了药物对病虫害的防控效率[6]。

与水滑石性质相近的还包括纳米氢氧化镁。该材料本身具有较好的植物病原菌防控效果，同时，其较高的比表面积使其具有优良的生物农药负载能力，可提高药物的紫外线抵抗能力和抗雨水冲刷能力。同时，该材料还可增加 Bt 杀虫蛋白在昆虫碱性肠道内的活化效率，并通过诱导昆虫体内增加活性氧，提高蛋白对害虫的作用效果[7]。

其他载体包括二氧化钛、氧化锌、四氧化三铁、碳酸钙以及埃洛石纳米管等材料均可吸附生物农药活性成分，赋予生物农药更高的环境稳定性、靶向释放性以及防控效率，具有很好的应用潜力。

## 三、有机-无机杂化纳米载体

有机-无机杂化纳米载体是一种可同时发挥有机和无机纳米载体优点的杂化材料，具有较广阔的应用前景。目前应用较多的包括金属-有机骨架材料、二氧化硅-环糊精、二氧化硅-淀粉等。金属-有机骨架（Metal Organic Frameworks，MOFs）材料是指由金属离子或离子簇与有机配体通过分子自组装而形成的一种具有周期性网络结构的晶体材料，也称金属有机框架。MOFs 材料由于具有骨架密度小、比表面积大、孔结构可调和可功能化修饰等诸多特点，在气体吸附、催化、分离、富集和药物传递等领域具有广泛的应用前景。目前，已有研究将 MOFs 材料应用于制备纳米生物农药。MOFs 材料可赋予纳米生物农药良好的酸碱响应释放特性，并可增加药物在靶标保护对象表面的滞留能力。其中 ZIF-8 是一种典型的 MOFs 材料，其具有一定抗植物病原菌能力，可以用于包载杀菌剂小檗碱来防治番茄青枯病[8]。

使用有机材料对纳米二氧化硅无机载体进行改良，以构筑具有环境响应型、精准释放型以及环境稳定型纳米生物农药。例如，考虑到小菜蛾（*Plutella xylostella* Linnaeus）肠道能够分泌 α-淀粉酶以增加对所摄入食物的消化吸收，可将阿维菌素事先装载到介孔二氧化硅内部，而后以 α-环糊精为封端分子，制备出可控制释放阿维菌素（AVM）的 α-淀粉酶反应性载体。在不同的温度、pH 值以及在有无 α-淀粉酶的情况下，阿维菌素表现典型的条件响应型释放。这种设计不仅能够增加阿维菌素的紫外线抵抗和热屏蔽能力，还能提高对小菜蛾的杀虫活性，从而实现农药减量增效的目的[5]。

此外，考虑到阿维菌素在土壤中防控根结线虫时常遭遇土壤微生物分解以及在土壤中迁移率较差等而限制其应用的问题，研究人员首先以"一锅软模法"合成包裹阿维菌素的介孔二氧化硅，而后再利用单宁酸与铜离子的螯合作用，在材料表面包封一层具有酸响应的壳层。所构筑的符合纳米生物农药具有显著的酸响应释放、优良的土壤迁移能力以及抗土壤微生物分解能力，达到对根结线虫的高效防控[9]。同时利用有机和无机纳米载体来构建复合纳米生物农药具有显著的应用优势，是纳米生物农药未来研究和应用的主要方向。

# 第三节
# 纳米载体在生物农药中的应用

纳米农药的传递被分类为纳米球、纳米胶囊、纳米容器、纳米乳液、纳米凝胶、纳米胶束、脂质体、无机纳米载体等，其中，纳米胶囊、纳米凝胶和纳米胶束是用于控制释放生物农药传递中最受欢迎的纳米颗粒形状。通常，基于聚合物和黏土的纳米材料被认为具有高生物相容性和具有刺激响应性纳米载体，可用于封装活性成分，如阿维菌素、阿特拉津和草甘膦等传统农药。壳聚糖、纤维素和聚乳酸是最常用的天然聚合物，可用于开发负载活性成分的纳米胶囊、纳米球、纳米（水）凝胶和纳米胶束。此外，介孔二氧化硅和蒙脱石是具有高活性成分封装能力的典型黏土基纳米材料，还有一些具有高比表面积的纳米复合材料和二维（2D）纳米材料也被报道可以有助于活性成分的装载。在图 3-1 和表 3-1 中展示和归纳总结了当前报道的一些在生物农药中应用的纳米载体。总体而言，纳米农药的优势包括可增加稳定性和生物利用度、增强表面黏附性、实现活性成分的控制释放、高靶向特性和增强环境安全性。

(a) 壳聚糖纳米颗粒
（阿维菌素、植物精油、dsRNA、金龟子绿僵菌）

(b) 羧甲基壳聚糖纳米颗粒
（印楝素）

(c) 磁性纳米颗粒
（黄连种子提取物）

(d) 层状双金属氢氧化物
（阿维菌素、dsRNA）

图 3-1

(e) 聚乳酸-羟基乙酸共聚物纳米粒子（植物激素、水果副产品提取物）　　(f) 玉米蛋白纳米颗粒（植物精油、柠檬烯、香芹酚）　　(g) 植物病毒纳米颗粒（阿维菌素）　　(h) 羧甲基纤维素纳米颗粒（阿维菌素、甲维盐）

(i) $Mg(OH)_2$ 纳米片（Bt蛋白）　　(j) 氮化硼纳米片（阿维菌素）　　(k) 花状自支撑纳米片（Bt蛋白）　　(l) 介孔二氧化硅（Bt蛋白、阿维菌素柠檬酸二醇）

图 3-1　生物农药应用中常见的纳米载体类型

表 3-1　不同类型的纳米颗粒及其在生物农药中的应用[10]

| 纳米颗粒 | 尺寸/nm | 生物农药种类 | 对靶标生物活性 |
| --- | --- | --- | --- |
| 纳米氢氧化镁颗粒 | 50～100 | Bt | 致倦库蚊 |
| 氢氧化镁纳米片 | 712 | Bt | 棉铃虫 |
| 介孔硅 | 5000/400 | Bt | 秀丽隐杆线虫/锡兰钩口线虫 |
| 硅纳米颗粒 | 90.2 | Bt | 秀丽隐杆线虫 |
| 银纳米颗粒 | 100～300 | Bt | 埃及伊蚊 |
| 介孔硅纳米颗粒 | 40 | Bt | 番茄潜叶蛾 |
| 纳米二氧化钛 | 33～44 | Bt | 地中海粉螟 |
| 纳米氧化锌 | 20 | Bt | 四纹豆象 |
| 四氧化三铁纳米颗粒 | 168 | Bt | 棉铃虫 |
| 氨基酸功能化荧光纳米载体 | 49 | Bt | 小地老虎 |
| 氧化石墨烯 | 0.85 | Bt | 地中海粉螟 |
| 木质素纳米球 | 166～210 | 阿维菌素 | / |
| 聚乳酸 | 245.7 | 阿维菌素 | 梨小食心虫 |
| 聚 γ-谷氨酸-壳聚糖 | 56～61 | 阿维菌素 | 松材线虫 |
| 羧甲基纤维素和松香 | 167 | 阿维菌素 | 小菜蛾 |
| 介孔硅-ss-淀粉纳米颗粒 | 80.3 | 阿维菌素 | 小菜蛾幼虫 |

续表

| 纳米颗粒 | 尺寸/nm | 生物农药种类 | 对靶标生物活性 |
|---|---|---|---|
| 星形聚合物（SPc） | 108.1 | 阿维菌素 | 桃蚜 |
| 层状双金属化合物（LDHs） | 60~130 | 阿维菌素 | / |
| 聚甲基丙烯酸缩水甘油酯-丙烯酸接枝中空中孔二氧化硅 | 190.1 | 阿维菌素 | 稻纵卷叶螟幼虫 |
| 植物病毒纳米粒子 | 37.6 | 阿维菌素 | 根结线虫 |
| 纳米甲壳素 | 102~119.2 | 阿维菌素 | 棉铃虫，黏虫 |
| 玉米醇溶蛋白 | 198 | 印楝油 | 大豆象，烟粉虱和二斑叶螨 |
| 星形聚合物（SPc） | 17.4~144.6 | 丁香酚 | 马铃薯晚疫病 |
| 银纳米颗粒 | 9.54~49.0 | 姜花根茎提取物 | 埃及伊蚊 |
| 羧甲基壳聚糖-蓖麻油酸 | 200~500 | 印楝素 | / |
| 淀粉纳米粒子 | 93~113 | 精油：薄荷酮 | 大肠杆菌，金黄色葡萄球菌 |
| 腰果胶 | 27.7~432.7 | 桉树精油 | 李斯特菌，肠炎沙门氏菌 |
| 琼脂、海藻酸盐或卡拉胶 | 359~634 | Zataria 精油 | / |
| 负载百里香醇的玉米醇溶蛋白纳米颗粒 | 176.9~741.6 | 百里酚 | 金黄色葡萄球菌 |
| 壳聚糖 | 82~165 | 欧蓍草精油 | 二斑叶螨 |
| 聚谷氨酸壳聚糖 | 56~61 | 阿维菌素 | 秀丽隐杆线虫 |
| 壳聚糖衍生物 | 215.2~960.1 | 植物源杀虫剂辣椒素 | / |
| 壳聚糖 | 10~28 | 绿僵菌 | 小菜蛾，甜菜夜蛾 |
| 壳聚糖 | 20~60 | 绿茶油 | 金黄色葡萄球菌，大肠杆菌 |
| 壳聚糖 | 100~200 | dsRNA | 冈比亚按蚊 |
| 三聚磷酸钠交联壳聚糖 | <200 | dsRNA | 埃及伊蚊 |
| 星形聚阳离子 | 146.1 | dsRNA 和苦参碱 | 桃蚜 |
| 支化两亲肽胶囊 | 70~300 | dsRNA | 赤拟谷盗 |
| 功能化苝酰亚胺纳米载体 | <200 | dsHem | 大豆蚜 |
| 层状双金属化合物 | 15~120 | dsRNA | 辣椒轻斑驳病毒，黄瓜花叶病毒 |
| 纳米脂质体 | 110 | 细菌粗提物 | 尖孢镰刀菌 |
| 二氧化钛，氧化锌 | 50,67 | 枯草芽孢杆菌 | 白粉病菌 |
| 草本植物叶片提取物合成的氧化锌 | 20~30 | / | 白菜黑斑病菌 |

续表

| 纳米颗粒 | 尺寸/nm | 生物农药种类 | 对靶标生物活性 |
|---|---|---|---|
| 尖孢镰刀菌中提取的具有除草活性的代谢产物 | 60~90 | / | 杂草 |
| 含有棕榈油衍生物和银胶菊粗提取物的纳米乳液 | 140.1 | / | 杂草 |
| 介孔硅纳米材料 | 80~180 | 柠檬酸二醇 | / |
| 空心多孔纳米二氧化硅 | 80.0 | 井冈霉素 | / |
| 纳米碳酸钙 | 50~200 | 井冈霉素 | 立枯丝核菌 |
| 氨基改性二氧化硅 | 52.5~315.4 | 春雷霉素 | 大肠杆菌 |

# 第四节
# 纳米生物农药的稳定性与生物相容性

## 一、纳米生物农药的稳定性

### 1. 储藏稳定性

纳米生物农药的储藏稳定性是其能否长期保持有效性的关键因素之一[11]。液体状的纳米生物农药在常温避光的条件下，需要确保其活性成分不发生降解或变质，同时保持剂型的均匀性，避免因分层而影响药效。例如，纳米载体可以通过包裹活性成分，减少其与外界环境的直接接触，从而延长其有效期。此外，纳米载体的表面修饰也可以通过增强其与生物农药的相互作用，提高其在储存过程中的稳定性[12]。

### 2. 应用稳定性

纳米生物农药在实际应用中需要面对各种环境条件，如紫外线照射、雨水冲刷等。这些因素都可能影响其药效。因此，纳米载体的设计不仅要考虑到其在储存过程中的稳定性，还要考虑到其在应用过程中的稳定性。纳米载体可以通过物理隔离和反射等方式，增强生物农药的紫外线稳定性，减少紫外线对其活性成分的破坏[13]。同时，纳米载体还可以通过隔离生物降解酶，减缓生物农药活性成分的分解速度，从而提高其在自然环境中的持久性[6]。

### 3. 纳米载体的选择

在制备纳米生物农药时，选择合适的纳米载体是至关重要的。不同的生物农药活性成分可能需要不同的纳米载体来提高其稳定性。例如，一些生物农药可能需要通过纳米载体的包裹来提高其在高温或高湿环境下的稳定性，而另一些则可能需要通过纳米载体的表面修饰来增强其在碱性或酸性环境中的稳定性。因此，研究和开发适合不同生物农药的纳米载体，是提高纳米生物农药稳定性的关键。

### 4. 环境稳定性

纳米生物农药的环境稳定性是指其在自然环境中抵抗各种不良环境因素的能力。纳米载体的小尺寸和大比表面积不仅可以增加对生物农药的保护作用，还可以提高其对环境的适应性。例如，纳米载体可以通过增强生物农药在植物表面的附着力，减少雨水冲刷对其药效的影响[14]。此外，纳米载体还可以通过增强生物农药在土壤中的分散性，提高其在土壤中的持久性和有效性。

## 二、纳米生物农药的生物相容性

纳米生物农药的生物相容性是其在农业应用中一个重要的考量因素。生物相容性指的是生物农药与生物体（如植物、动物和人类）之间的相互作用，确保其在不产生负面影响的情况下发挥效用。随着纳米技术的引入，纳米载体的使用不仅增强了生物农药的稳定性和使用效果，还可能对其生物相容性产生了重要的影响。

### 1. 纳米载体的生物相容性

纳米载体的生物相容性是纳米生物农药成功应用的关键。纳米载体通过其独特的物理和化学特性，能够提高生物农药的稳定性和生物利用度。然而，纳米载体的尺寸、形状和表面特性都会影响其与生物体的相互作用。因此，设计和选择纳米载体时，需要考虑其对生物体的安全性和兼容性。例如，一些纳米载体可能会被生物体识别为异物，引发免疫反应，而另一些则可能通过其表面修饰与生物体细胞形成稳定的相互作用，从而减少不良反应。

### 2. 纳米载体与生物农药的相互作用

纳米载体与生物农药的相互作用是影响其生物相容性的重要因素。纳米载体不仅可以通过物理包裹或化学键合的方式与生物农药结合，还可以通过其表面特性影响生物农药的释放和生物利用度。例如，纳米载体可以通过控制生物农药的释放速率，减缓其在体内的降解速率，从而提高其药效。同时，纳米载体还可以通过其表面修饰，增强生物农药在植物表面的附着力，增加和促进其在植物体内的分布和吸收。

### 3. 纳米生物农药的环境友好性

纳米生物农药的环境友好性是其生物相容性的另一个重要方面。纳米载体的使用不仅可以提高生物农药的稳定性和效果，还可以减少其对环境的负面影响。例如，纳米载体可以通过减少生物农药的使用量，降低其对环境的污染。同时，纳米载体还可以通过其表面特性，提高生物农药在土壤中的降解速率，减少其在环境中的残留。这种环境友好性是纳米生物农药符合可持续农业发展要求的重要体现。

### 4. 纳米生物农药的安全性评估

在开发和应用纳米生物农药时，安全性评估是必不可少的。纳米载体的生物相容性和安全性需要通过严格的实验和评估来确定。这包括对纳米载体的毒性、生物降解性和生态毒性的评估。例如，需要评估纳米载体在不同生物体中的代谢途径和降解产物，确保其不会对生物体产生长期的负面影响。同时，还需要评估纳米载体在环境中的行为和影响，确保其不会对生态系统产生不可逆转的破坏。

纳米生物农药的生物相容性是其在农业应用中成功的关键。通过选择合适的纳米载体，不仅可以增强生物农药的稳定性和使用效果，还可以确保其对环境和生物体的安全性。未来的研究应继续关注纳米载体的设计和优化，以进一步提高纳米生物农药的生物相容性和环境友好性。这不仅有助于提高农业的病虫害防治效果，还能为环境保护和生态平衡做出贡献。通过不断研究和创新，纳米生物农药有望成为实现可持续农业发展的重要工具。

# 参考文献

[1] Zhao N, Zhu L, Liu M, et al. Enzyme-responsive lignin nanocarriers for triggered delivery of abamectin to control plant root-knot nematodes (*Meloidogyne incognita*)[J]. Journal of Agricultural and Food Chemistry, 2023, 71(8): 3790-3799.

[2] Xu X, Yu T, Zhang D, et al. Evaluation of the anti-viral efficacy of three different dsRNA nanoparticles against potato virus Y using various delivery methods[J]. Ecotoxicology and Environmental Safety, 2023, 255: 114775.

[3] Du Q, Chen L, Ding X, et al. Development of emamectin benzoate-loaded liposome nanovesicles with thermo-responsive behavior for intelligent pest control[J]. Journal of Materials Chemistry B, 2022, 10(47): 9896-9905.

[4] Chen S L, Guo X P, Zhang B T, et al. Mesoporous silica nanoparticles induce intracellular peroxidation damage of *Phytophthora infestans*: A new type of green fungicide for late

blight control[J]. Environmental Science & Technology, 2023, 57(9): 3980-3989.

[5] Liang Y, Gao Y, Wang W, et al. Fabrication of smart stimuli-responsive mesoporous organosilica nano-vehicles for targeted pesticide delivery[J]. Journal of Hazardous Materials, 2020, 389: 122075.

[6] Mitter N, Worrall E A, Robinson K E, et al. Clay nanosheets for topical delivery of RNAi for sustained protection against plant viruses[J]. Nature plants, 2017, 3: 16207.

[7] Pan X, Cao F, Guo X, et al. Development of a safe and effective *Bacillus thuringiensis*-based nanobiopesticide for controlling tea pests[J]. Journal of Agricultural and Food Chemistry, 2024, 72(14): 7807-7817.

[8] Liang W, Cheng J, Zhang J, et al. pH-responsive on-demand alkaloids release from core-shell ZnO@Zif-8 nanosphere for synergistic control of bacterial wilt disease[J]. ACS Nano, 2022, 16(2): 2762-2773.

[9] Zhou Z, Gao Y, Chen X, et al. One-pot facile synthesis of double-shelled mesoporous silica microcapsules with an improved soft-template method for sustainable pest management[J]. ACS Applied Materials & Interfaces, 2021, 13(33): 39066-39075.

[10] Pan X H, Guo X P, Zhai T Y, et al. Nanobiopesticides in sustainable agriculture: Developments, challenges, and perspective[J]. Environ. Sci.: Nano, 2023, 10, 41-61.

[11] 王淼, 周杰, 陈鸽, 等. 纳米生物农药的设计及控缓释研究进展[J]. 江苏农业科学, 2023, 51(17): 9-18.

[12] Ding Z, Wei K, Zhang Y, et al. "One-Pot" method preparation of dendritic mesoporous silica-loaded matrine nanopesticide for noninvasive administration control of *Monochamus alternatus*: The vector insect of *Bursapherenchus xylophophilus*[J]. ACS Biomaterials Science & Engineering, 2024, 10(3): 1507-1516.

[13] Ma Y, Yu M, Sun Z, et al. Biomass-based, dual enzyme-responsive nanopesticides: Eco-friendly and efficient control of pine wood nematode disease[J]. ACS Nano, 2024, 18(21): 13781-13793.

[14] Ding X, Gao F, Cui B, et al. The key factors of solid nanodispersion for promoting the bioactivity of abamectin[J]. Pesticide Biochemistry and Physiology, 2024, 201: 105897.

# 第四章
# 纳米生物农药研究进展

第一节　纳米技术在杀虫剂中的应用
第二节　纳米杀真菌剂
第三节　纳米杀细菌剂
第四节　生物除草剂和纳米技术
第五节　纳米技术在其他类型生物农药中的应用

# 第一节
# 纳米技术在杀虫剂中的应用

## 一、基于苏云金杆菌的纳米杀虫剂

苏云金杆菌（Bt）是一种微生物农药，具有广泛的应用范围，对鳞翅目和鞘翅目害虫具有杀虫活性，并且对非靶标生物无毒性。然而，Bt 在实际施用过程中容易受到环境因素的影响，如紫外线（UV）、雨水冲刷等，这导致其杀虫持续期短，在一定程度上限制了其应用。在制备 Bt 生物农药时应用纳米技术，可以提供更有效、更稳定、更环保的 Bt 配方（图 4-1）。

图 4-1　纳米技术在 Bt 杀虫剂中的应用

纳米材料可以改善 Bt 制剂对 UV 辐射的反射和散射，并提高 Bt 活性成分的环境稳定性。例如，纳米 $Mg(OH)_2$ 可以高效吸附 Bt 杀蚊蛋白 Cry11Aa，并提高 Bt 蛋白的紫外稳定性，同时改善 Bt 蛋白在靶标害虫中肠的酶解，促进对靶标昆虫中肠细胞的破坏，最终增加杀虫蛋白对害虫的生物活性。将 Bt 几丁质酶固定在表面改性的球形纳米二氧化硅上，通过静电吸附和共价结合制备纳米二氧化硅-几丁质酶复合物，所得的产品具有良好的抗紫外线性能。而不同晶型的纳米 $TiO_2$ 与 Bt 混合显示出不同的抗紫外辐射活性，这表明抗紫外辐射性能可能与其形态和晶型密切相关。此外，将氧化石墨烯与橄榄油和 Bt 混合则显示出紫外保护的协同增效作用，而紫外反射纳米材料，如纳米 ZnO、纳米 $SiO_2$ 和纳米 $TiO_2$ 与 Bt 结合形成具有相对持久 UV 抗性的微胶囊配方。

利用纳米 $Mg(OH)_2$ 吸附 Cry1Ac 蛋白，可以有效控制雨水冲刷可能引起的 Cry1Ac 蛋白的流失，纳米 $Mg(OH)_2$-Cry1Ac 混合物可以有效分布在棉花叶的凹槽上，因而可以增强抗雨水冲刷能力并提高 Bt 蛋白的杀虫活性。将介孔二氧化硅与 Bt Cry5B 蛋白结合，不仅能保护 Cry5B 蛋白不受胃蛋白酶的水解，还改善了蛋白在线虫中的传递，并提高了蛋白对线虫的控制效率。此外，研究表明，转基因植物可以在根部和其他组织中分泌 Bt Cry 蛋白，分泌的蛋白可以与土壤中的纳米颗粒结合，形成具有长期活性的复合物。例如，基于 Cry1Ab 蛋白表面电荷分布的不均匀性，纳米 $SiO_2$ 和 Cry1Ab 蛋白可以通过静电吸附结合，而在吸附过程中 Cry1Ab 蛋白的构象和杀虫活性并没有显著变化。蒙脱石和高岭土可以防止 Cry1Aa 蛋白的寡聚，维持蛋白构象稳定性，并展现出更高的杀虫活性。因此，土壤纳米颗粒的紧密结合是转基因蛋白在土壤环境中具有持久杀虫效果的关键。

此外，由于纳米材料具有高效的基因传递特性，因此可以作为载体来制备转基因作物。改性的磁性纳米 $Fe_3O_4$ 颗粒被用来吸附 Bt *cry1Ac* 基因，制备的基因传递工具可以为制备转基因棉花提供快速有效的解决方案。纳米介孔二氧化硅被用作 *cry1Ab* 基因载体，并通过注射引入番茄，相关基因可以在后代番茄种子中高度表达。同时，介孔二氧化硅携带的 *cry1Ab* 基因也可以通过注射植物叶片在番茄后代中表达。鳞翅目和其他害虫对 Bt Cry 蛋白的抗性也是一个重要的关注点。氨基酸功能化的荧光纳米载体可以提高 Bt Cry1Ab 蛋白进入木瓜小地老虎（*Agrotis ypsilon*）中肠细胞的穿透能力，这个过程不依赖于中肠受体，因此可以不受控于受体的变化。这种策略可以提高对 Bt 抗性害虫的控制效果，减少替代化学农药的使用频率，并对农业的可持续发展和环境保护具有良好的促进作用。此外，基于 Bt 细胞培养上清液绿色合成纳米颗粒是传统化学和物理合成方法的替代方案，它不仅减少了制备过程中所需的有毒化学原料的含量，而且还提高了所得产品的杀虫活性。使用 Bt 培养上清液制备的纳米银对控制埃及伊蚊具有协同效应。以 Bt 细胞培养基为基质合成的纳米 ZnO 可用于控制储粮害虫，制备的复合物的杀虫活性显著高于纯纳米 ZnO 和 Bt 制剂。

## 二、纳米技术在阿维菌素类杀虫剂中的应用

阿维菌素（AVM）作为抗菌和抗寄生虫剂，对抗线虫和节肢动物具有非常重要的作用，并且已经被广泛使用了几十年。然而，AVM 的溶解性低、敏感性高、易分解性和短效期限制了它的应用。已有研究证明，纳米二氧化硅可以作为高效的纳米载体来负载和控制 AVM 的释放。Liang 等人建立了一种新型的氧化还原 α-淀粉酶双重刺激响应型农药释放系统［AVM@MSNs-starch NPs，NPs 表示纳米颗粒，图 4-2（a）］构建的复合物可以保护 AVM 免受光降解，并实现活性成分的控制释放，具有更长期的防治效果[1]。利用星形多

胺构建高效 AVM 纳米传递系统，它能够增强 AVM 对绿色桃蚜的触杀和胃毒性，这揭示了其在农业领域的广泛应用。而一种通过改性中空介孔二氧化硅纳米颗粒（HMSNs）的 pH 响应型有机-无机混合纳米材料具有在稻叶上的高黏附性和润湿性，这可以显著提高 AVM 的光稳定性，并表现出高释放率以实现对鳞翅目害虫的高活性。

此外，表面改性的硼氮化物可以用作纳米载体负载 AVM [图 4-2（b）]，其中 PEG 改性层的存在改善了载药 NPs 在水中的分散性，并致使 AVM 实现 pH 敏感释放特性，这可以改善 AVM 在黄瓜叶上的黏附性能和光稳定性[2]。十二烷基硫酸钠改性 AVM 层状双氢氧化物纳米杂化物，实现了 AVM 的良好控制释放，是一种良好的水分散控制释放剂。基于 2D MXene（$Ti_3C_2$）纳米材料构建了一种 pH 响应释放 AVM 纳米农药，最大农药负载率为 81.44%，该纳米农药具有高水溶性和良好的光稳定性，可以有效减少农药的用量和喷洒时间。

木质素是自然界中芳香族化合物的可再生资源，是一种在全球广泛存在的生物聚合物。通过静电自组装方法对木质素进行疏水改性，制备了 AVM 装载率为 （62.58±0.06）% 的微球，所得微球在 AVM 的释放控制和光解抗性方面也表现出良好的性能。合成的仿生贻贝 AVM 纳米粒子，直径约为 120 nm，AVM 的吸附率超过 50%（质量比），表现出对作物叶片的良好的黏附性、优异的储存和光稳定性以及持续释放能力。此外，利用原料制备了 AVM 纳米乳液，有效地提高了 AVM 的光稳定性，提高了目标作物叶片黏附力并具低残留特性。作为非吸入性杀虫剂，AVM 很难被植物吸收和传播，因为它只在应用地点有少量的渗透吸收。通过自组装制备了 AVM/甘氨酸甲酯改性的聚琥珀酰亚胺纳米粒子（AVM@PGA），其中 AVM 的释放具有明显的 pH 敏感性，并且 AVM 的抗 UV 光解能力得到了极大的提高。此外，AVM@PGA 还可以调节 AVM 在植物中的传递和分布，对防治植物害虫具有良好的效果。

除了光稳定性差和水溶性低之外，AVM 在土壤中的流动性差也会影响其对线虫的防治效果。Cao 等人将 AVM 封装在红三叶草坏死性花叶病毒中以调控 AVM 的土壤理化性质 [图 4-2（c）]，研究发现 PVNAVM 扩大了土壤中根结线虫的处理范围，并与 AVM 相比，其杀虫活性大大提高[3]。有报道采用简单的静电相互作用方法将 AVM 封装在由聚 γ-谷氨酸（γ-PGA）和壳聚糖（CS）组成的纳米粒子中，构建了高水分散性、抗光解性、高杀线虫活性和控释多功能农药纳米载体 [图 4-2（d）][4]。以上关于不同类型 AVM 纳米封装技术的研究为制备更有效、更稳定、更环保的 AVM 配方提供了参考。

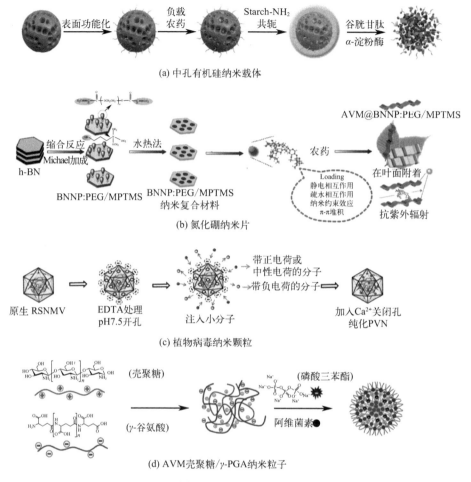

图 4-2 不同纳米载体在阿维菌素类杀虫剂中的应用

## 三、纳米植物源杀虫剂

植物源农药是生物农药的一个分支,具有低残留、有毒、无生物积累和对环境无害等优点。植物产生的次级代谢产物,如生物碱、黄酮类、萜类、挥发油等,被用于植物源农药的开发和利用。然而,由于其特殊的来源和复杂的成分,植物源农药在制剂加工、稳定性等方面存在问题,这影响了活性成分的作用效果。纳米植物源农药产品主要有纳米颗粒、纳米乳液、纳米胶囊、微胶囊、微乳等,纳米技术可以有效地改善传统植物杀虫剂的性能,在很大程度上帮助解决了植物源农药在农业应用中存在的问题(图 4-3)。纳米乳液可以提高植物源农药的化学稳定性、亲水性和环境持久性。当前基于植物精油的纳米乳液在杀虫剂中有广泛的应用,并对各种农业害虫具有良好的杀虫活性。例如，Nusrat 等人开发了一种稳定的基于印楝油的纳米乳液配方[5]，具有长期储存稳定性，并通过降低表面张力和接触角，对茄子上的烟粉虱（*Bemisia tabaci*）显示出显著的杀虫活性（91.24%）。比较烟草植物源杀虫剂纳米乳液和粗提物的效果，发现纳米乳液对柑橘蚜虫的控制效果优于粗提物。综上，使用纳米剂在提高植物源农药活性成分的利用方面具有广阔的前景。

将聚合物添加到植物源农药配方中形成纳米球或纳米胶囊，可以减少活性成分的损失，并实现控制释放。精油的微胶囊化可以提高油的氧化稳定性、热稳定性、保质期和生物活性，还可以控制精油的挥发性和释放特性。Feng 等人合成了一种亲水性羧甲基壳聚糖与蓖麻油酸（R-CM-壳聚糖），用作植物源农药印楝素（Aza）的载体，其中形成的 Aza/R-CM-壳聚糖水分散体在纳米尺度上具有更好的控制释放活性[6]。将天竺葵或香柠檬精油纳入固体控制释放纳米配方中，可以防止其快速蒸发和降解，并通过接触和摄取增强其稳定性和杀虫活性。

此外，植物多酚嵌入或吸附在纳米粒子表面，产生多酚颗粒，这些颗粒在溶解性、抗氧化稳定性等方面具有更强的活性。三种植物化合物（香叶醇、丁香酚和肉桂醛）被封装在玉米醇溶蛋白 NPs 中，纳米封装为化合物在储存期内的降解提供了保护，并且对非靶标生物的毒性降低，同时在驱避和杀虫活性方面也优于农药乳化剂。总之，纳米技术在植物源杀虫剂中的应用可以提高其化学稳定性、亲水性、环境持久性和杀虫活性。

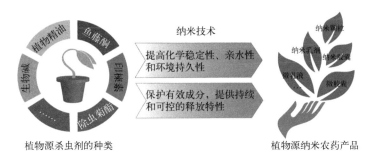

图 4-3 纳米技术在植物杀虫剂中的应用

# 第二节
# 纳米杀真菌剂

植物病原体可以在作物生长的不同阶段感染植物组织，而植物病原真菌是一种可以在全球范围内造成巨大经济损失的植物病原体。纳米技术可以为植物病害控制提供环保和绿色替代方案，利用纳米技术开发安全的抗真菌剂具有重要意义。已有研究表明，微生物（包括细菌、真菌、放线菌、酵母、藻类）和植物能够合成纳米杀菌剂，而纳米杀菌剂的生物合成被认为是一种高效和环保的方法。

银纳米粒子可以通过使用解淀粉芽孢杆菌进行生物合成，体外研究表明生物合成的银纳米粒子对镰刀菌和土传镰刀菌具有良好的抗真菌效果，这表明低成本和环保的纳米生物杀菌剂有望成为传统化学杀菌剂的替代品。有报道称，细菌的乙醇粗提取物可以合成具有高抗真菌活性的新型纳米生物杀菌剂，其被封装在纳米级脂质体颗粒中，可有效对抗镰刀菌属[7]。研究生物制剂枯草杆菌、纳米 $TiO_2$ 和纳米 ZnO 对由葡萄孢菌引起的白粉病的联合效应发现，枯草杆菌和纳米 ZnO 处理的结合可以显著减轻白粉菌（*Podosphaera xanthii*）的感病症状和严重程度，通过减少电解质泄漏和提高活性氧水平。使用毗黎勒（*Terminalia bellirica*）植物叶片水溶性提取物合成 ZnO 纳米粒子，对疫病和叶斑病具有显著抗真菌的潜力。此外，通过化学途径和与大蒜提取物绿色合成分别合成了 ZnO 纳米粒子和基于 ZnO 的纳米生物杂化物，发现纳米生物杂化物的真菌抑制率为 72.4%，而化学合成的 ZnO 纳米粒子的抑制率为 87.1%。所有这些研究表明，生物合成纳米生物杀菌剂比使用化学合成方法更便宜、更环保、更稳定。

基于甲壳素（壳聚糖）的刺激响应性纳米制剂可以更准确有效地释放活性成分，并实现靶向输送或控制释放。纳米甲壳素具有很好的抑制菌丝生长的能力和抑制孢子形成的能力，作为种衣剂或与化学杀菌剂混合使用时，可以提高病害控制效率。纳米甲壳素可以帮助种子发芽、促进植物生长和提高其抑制烟草根腐病的活性。Saharan 等合成壳聚糖-铜纳米复合材料，在番茄中表现出优异的抗真菌活性，也被证明在不同作物中是重要的生长促进剂[8]。而壳聚糖-银纳米复合材料对尖孢镰刀菌复合材料会对菌丝体表面造成明显损害，并增加了膜的渗透性，有时甚至导致细胞解体。油酰-壳聚糖纳米复合材料被测试于黄萎病菌（*Verticillium dahlia*），可以显著减少菌丝体的生长。以上这些研究表明，甲壳素（壳聚糖）可以用作良好的纳米载体。

此外，多孔空心二氧化硅纳米粒子可用作井冈霉素的控释系统，以提高井冈霉素的生物活性并减弱井冈霉素的毒性。井冈霉素的释放率主要与溶解介质的 pH 值和温度有关。以纳米级碳酸钙作为载体，负载生物农药井冈霉素，复合物展现出高装载效率、持续释放性能和良好的环境相容性，并且与常规井冈霉素相比，它对立枯丝核菌的杀菌效果更佳。同样，双重功能化的农药纳米胶囊（负载井冈霉素和噻氟菌胺）展现出良好的叶片铺展程度，从而可以减少农药在叶片上的损失，并且两种活性成分之间有明确的协同效应。将氨基改性的硅纳米颗粒负载春雷霉素，发现纳米复配物可以有效保护春雷霉素免受光降解，并且春雷霉素的释放率取决于温度、pH值和粒径。总体而言，纳米技术在杀真菌剂中的应用可以大幅度提高生物农药的性能。

## 第三节
# 纳米杀细菌剂

目前，纳米技术在杀细菌剂领域也有许多研究和应用。通过原位生长法制备了具有核壳结构的ZnO@ZIF-8纳米球[9]，并用其负载小檗碱，具有高效的协同杀菌效果，它能诱导活性氧（ROS）的产生，引起细菌DNA损伤、细胞质泄漏和膜通透性变化［图4-4（a）］。薄荷油和绿茶油通过乳化-离子凝胶技术被封装在壳聚糖纳米粒子中，发现纳米封装维持了两种精油中总酚含量的稳定性，对薄荷油和绿茶油的抗氧化和抗菌活性（分别针对金黄色葡萄球菌和大肠杆菌）均有显著提高［图4-4（b）］[10]。用聚乙烯醇（PVA）微胶囊化柠檬草油，可以保护油不变质并保持抗菌活性。将$Zn^{2+}$粒子复合到壳聚糖溶液中，随着$Zn^{2+}$浓度的增加，复合材料的抗菌活性显著提高。制备的CuNP复合纳米水凝胶对烟草上的丁香假单胞菌具有很好的防控效果，并且与商业杀菌剂硫酸铜相比更为安全。综上所述，纳米技术可以提高传统生物农药的抗细菌活性。

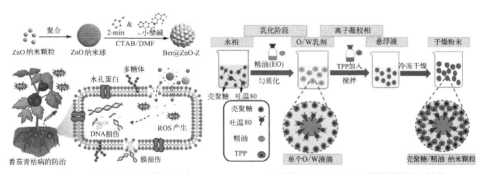

(a) Ber@ZnO-Z纳米球防治番茄青枯病　　(b) 采用乳化离子凝胶法对精油进行纳米封装

图4-4　纳米技术在杀细菌剂中的应用实例

此外，纳米材料自身也显示出很高的抗菌活性，将纳米材料作为作物保护的活性成分也是研究的一个重要领域。在农业实践中，银、锌和铜纳米粒子作为抗菌剂的报道最多。$Ag_2O$纳米粒子由根际细菌生物合成，并对青枯雷尔氏菌表现出高抗菌活性。绿色合成的 Ag NPs 与化学合成的 Ag NPs 相比,具有长期的抗菌特性,且对植物的毒性降低,这表明绿色合成的 Ag NPs 可用作农业中潜在的纳米农药或纳米尺度生长调节剂。纳米粒子的形状显著影响球形 CuO 纳米粒子和 CuO 纳米片的抗菌活性,但两种纳米粒子都能破坏细菌膜和 DNA。ZnO 纳米材料显示出高抗菌活性(柑橘黄单胞菌),而生物合成的 MgO 纳米粒子可以用作水稻细菌性褐条病菌的有效抗菌剂。

## 第四节
## 生物除草剂和纳米技术

农业杂草是适应农业环境的一种植物,它们直接或间接地干扰农作物生产,导致全球范围内巨大的经济损失。控制杂草的方法主要依赖于除草剂,包括化学除草剂和生物除草剂。然而,由于各种人为或环境因素,除草剂在实际应用中的利用率往往很低。这不仅降低了除草效果,还带来了严重的环境问题,对生态系统造成日益严重的破坏,从而影响农业的可持续发展。纳米材料和技术在农药领域的应用可以改变农药的物理化学性质,充分提高农药的利用率,减少农药残留和环境污染。

生物除草剂是可用于控制杂草的天然产物,它们在环境中的残留期较短,对土壤、水和非靶标生物的污染和不良影响较少。然而,生物除草剂的半衰期相对较短,减弱了田间规模上除草效果,复杂且昂贵的制剂也限制了生物除草剂的发展。因此,有必要开发合适的保护性生物除草剂活性物质,但目前对纳米生物除草剂的研究还很有限。目前,受到广泛关注的纳米配方技术是纳米胶囊。Taban 等研究了不同浓度的纳米胶囊薄荷精油的除草活性,发现纳米胶囊除草剂对杂草有相当强的除草活性,对非靶标作物有温和的效果。一些具有特殊化学性质的 NPs(例如海藻酸盐、壳聚糖、纳米黏土、脂质)可以用作生物除草剂载体,控制活性成分的释放,从而减少活性成分的损失,提高生物除草剂的利用率。从土壤中分离出的尖孢镰刀菌(*Fusarium oxysporum*)的游离上清液中提取的除草剂代谢产物,将代谢产物用壳聚糖 NPs 包覆,对杂草表现出良好的除草活性[11]。此外,纳米乳液系统也可以有效传递生物除草剂,其中 NPs 均匀分散在叶片表面,增强了杂草叶片中活性成分的渗透性,从而表现出更好的除草效果。将生物除草剂与绿色、廉价的纳米材料结合的纳米生物除草剂将在减少环境污染和农业的可持续健康发展中发挥重要作用(图 4-5),可以提高传统除草剂的溶解度、流动性和耐用性,并降低毒性。但在应用过程中必须考虑 NPs 与其他生物制剂的相容性以及它们在田间条件下对植物宿主的特异性，以限制或避免对环境和人类健康的进一步破坏。

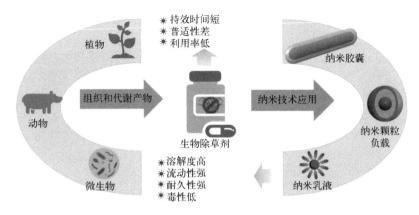

图 4-5　纳米技术在生物除草剂中应用示意图

# 第五节
# 纳米技术在其他类型生物农药中的应用

RNA 生物农药利用 RNA 干扰（RNAi）技术抑制靶标生物体内重要基因的表达，导致有害生物的发育迟缓或死亡，从而实现控制害虫的目的。传统的 RNA 农药输送系统通常受到各种外部因素的影响，可能导致效率低下，阻碍其在现代农业中的应用。近年来，基于纳米输送系统的 RNA 生物农药在绿色可持续农业的发展中引起了更多关注（图 4-6）。与传统的输送策略相比，纳米载体介导的 RNAi 输送系统具有效率高、剂量低、释放缓慢等优点。由于其高序列特异性，RNAi 被认为是一种安全的害虫控制策略。

大多数鳞翅目昆虫对 dsRNA 不敏感，且 dsRNA 在环境中不稳定，其在溶酶体中的积累以及在各种生物膜上的传递效率低。因此迫切需要一种可靠的 dsRNA 传递方法来分析鳞翅目昆虫的基因功能。中国农业大学沈杰教授团队设计了一种易于合成的星形阳离子聚合物（SPc），构建一种高效 RNAi 的透皮 dsRNA 递送系统。SPc 可以通过静电力和氢键与带负电荷的 dsRNA 结合，保护 dsRNA 不被昆虫血淋巴酶降解，并激活网格蛋白介导的内噬作用，促进其跨细胞膜易位。构建基于 SPc 的纳米给药系统不仅有利于提高 dsRNA 的稳定性和给药能力，而且为 RNA 纳米农药的开发提供了有力的平台[13]。

通常，siRNA、miRNA 和 piRNA 通路可能是昆虫中的 RNAi 通路，但是双链 RNA（dsRNA）可能受限或局限于植物木质部和维管束系统。目前，一

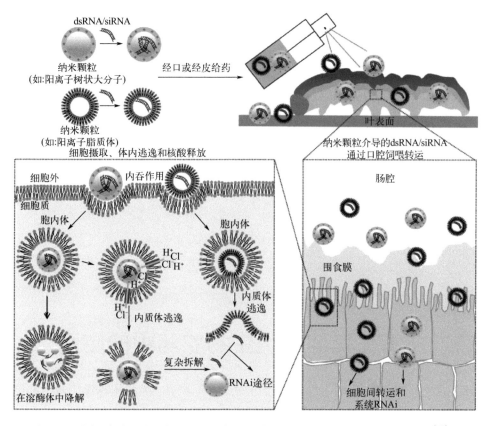

图 4-6　纳米颗粒介导的双链 RNA/小干扰 RNA（dsRNA/siRNA）递送系统的示意图[12]

种基于纳米载体的新型输送策略可以克服植物细胞壁障碍,准确将 DNA 或 RNA 输送到植物中,具有短暂或稳定的转化。在大豆蚜虫上开发了一种通过蒽酰亚胺纳米载体介导的 dsRNA 输送系统,其中纳米复合物对目标基因的干扰效率达到 95.4%,种群抑制效果为 80.5%。此外,构建了一个基于星形聚阳离子的基因和药物共输送系统,用于输送 Hem dsRNA 和植物源农药苦参碱用于防治桃蚜,发现苦参碱-星形聚阳离子-dsHem 复合物可以同时克服 dsHem 持效期短和苦参碱作用慢的缺点。开发了含胍的聚合物来保护 dsRNA 免受碱性肠道环境中的核酸酶降解,其中可以有效地干扰必需基因几丁质合酶 B,通过聚合物保护的 dsRNA 处理,棉铃虫的死亡率从 16% 增加到 53%。加载在层状双氢氧化物（LDH）黏土纳米片上的 dsRNA（形成 BioClay）可以提供持续释放性能,即使在施用后 30 天,dsRNA 仍可在喷洒的叶片上检测到,BioClay 在喷洒拟南芥叶片时可以达到 76% 的抗病毒效率。选择更小、更便宜的大豆卵磷脂（SPc）作为纳米载体,通过局部应用和喷洒可有效穿透大豆蚜的体壁,死亡率分别高达 81.67% 和 78.50%。

尽管 RNA 农药在害虫控制和植物保护领域已经取得了一些突破，但由于 dsRNA 的不稳定性、高成本和短命等缺点，严重阻碍了其商业化进程。同时，目前 dsRNA 输送效率通常很低，很难产生足够数量的稳定 dsRNA。因此，在广泛使用基于纳米输送系统的 RNA 农药之前，必须进行更深入的研究。例如，可以在 NPs 合成过程中使用廉价原料，以克服基于纳米粒子的 RNA 农药的高生产成本，使用常见的商业化学品季戊四醇作为星形引发剂来降低生产成本。此外，在应用这些基于纳米输送系统的 RNA 农药之前，还应对其潜在风险和生物相容性进行全面评估，并考虑到非靶标效应以及昆虫对 RNA 农药可能产生的抗性。

# 参考文献

[1] Liang Y, Gao Y, Wang W, et al. Fabrication of smart stimuli-responsive mesoporous organosilica nano-vehicles for targeted pesticide delivery[J]. Journal of Hazardous Materials, 2020, 389: 122075.

[2] Hao L, Gong L, Chen L, et al. Composite pesticide nanocarriers involving functionalized boron nitride nanoplatelets for pH-responsive release and enhanced UV stability[J]. Chemical Engineering Journal, 2020, 396: 125233.

[3] Cao J, Guenthe R, Sit T, et al. Development of abamectin loaded plant virus nanoparticles for efficacious plant parasitic nematode control[J]. ACS Applied Materials & Interfaces, 2015, 7: 9546-9553.

[4] Liang W, Yu A, Wang G, et al. Chitosan-based nanoparticles of avermectin to control pine wood nematodes[J]. Int. J. Biol. Macromol., 2018, 112: 258-263.

[5] Iqbal N, Hazra D, Purkait A, et al. Bioengineering of neem nano-formulation with adjuvant for better adhesion over applied surface to give long term insect control[J]. Colloids and Surfaces B, 2022, 209: 112176.

[6] Feng B, Peng L. Synthesis and characterization of carboxymethyl chitosan carrying ricinoleic functions as an emulsifier for azadirachtin[J]. Carbohydrate Polymers, 2012, 88: 576-582.

[7] Atienza M, Magpantay M, Santos K, et al. Encapsulation of plant growth-promoting bacterial crude extract in nanoliposome and its antifungal property against *Fusarium oxysporum*[J]. ACS Agricultural Science & Technology, 2021, 1: 691-701.

[8] Saharan V, Kumaraswamy R, Choudhary R, et al. Cu-chitosan nanoparticle mediated sustainable approach to enhance seedling growth in maize by mobilizing reserved food[J]. Journal of Agricultural and Food Chemistry, 2016, 64: 6148-6155.

[9] Liang W, Cheng J, Zhang J, et al. pH-Responsive on-demand alkaloids release from

core-shell ZnO@ZIF-8 nanosphere for synergistic control of bacterial wilt disease[J]. ACS Nano, 2022, 16: 2762-2773.

[10] Shetta A, Kegere J, Mamdouh W. Comparative study of encapsulated peppermint and green tea essential oils in chitosan nanoparticles: Encapsulation, thermal stability, in-vitro release, antioxidant and antibacterial activities[J]. International Journal of Biological Macromolecules, 2019, 126: 731-742.

[11] Namasivayam S, Tony B, Bharani R, et al. Herbicidal activity of soil isolate of *Fusarium oxysporum* free and chitosan nanoparticles coated metabolites against economic important weedninidam theenjan[J]. Asian Journal of Microbiology, Biotechnology and Environmental Sciences, 2015, 17: 1015-1020.

[12] Yan S, Ren B Y, Shen J. Nanoparticle-mediated doublestranded RNA delivery system: A promising approach for sustainable pest management[J]. Insect Science, 2020, 28: 21-34.

[13] Zhao J, Yan S, Li M, et al. NPFR regulates the synthesis and metabolism of lipids and glycogen via AMPK: Novel targets for efficient corn borer management[J]. International Journal of Biological Macromolecule, 2023, 247: 125816.

# 第五章
# 纳米生物农药的制备技术

第一节　纳米粒子的合成与表征
第二节　生物活性分子的纳米封装
第三节　纳米生物农药的配方开发

# 第一节
# 纳米粒子的合成与表征

## 一、纳米粒子合成方法

纳米粒子的制备方法主要包括：物理法、化学法以及生物合成法三大类。

(1) 物理法 主要通过物理手段将大块材料粉碎或气化，再冷凝形成纳米粒子。常见的物理合成方法包括放电爆炸法、机械合金化法、严重塑性变形法、惰性气体蒸发法、等离子蒸发法、电子束法和激光束法等。Bae等报道了通过纳米乳化和冷冻干燥的方法，使用乳清蛋白分离物作为纳米载体基质包裹印楝素，得到的纳米复合物粒子尺寸为 (260.9±6.8) nm[1]。Iqbal报道了利用沉淀法开发了一种可持续、生态友好的印楝纳米生物农药，得到的纳米生物杀虫剂的平均粒径为 275.8 nm[2]。

(2) 化学法 是制备纳米粒子的主要途径之一，常见的技术包括气相燃烧合成法、气相还原法、等离子化学气相沉积法、溶胶-凝胶法共沉淀法、碳化法、微乳液法、络合物分解法等。Yaakov 提出了一种在水包油 (O/W) 皮克林乳液中进行单细胞微胶囊化的新方法，该乳液的液滴尺寸可调，直径范围为 $1 \sim 30 \mu m$[3]。

(3) 生物合成法 是利用生物体或生物分子制备纳米粒子的方法。常见的生物合成方法包括微生物合成法和植物提取法。微生物合成法是利用微生物（如细菌、真菌）在特定培养条件下合成纳米粒子的方法。微生物能够通过还原金属离子或分泌代谢产物形成纳米粒子，通过控制生物合成，可以形成所需几何形状和组成的纳米结构。尽管纳米粒子的物理化学合成具有准确性，但纳米粒子的生物合成在粒子几何可控性和工艺可扩展性方面仍然受到限制。例如，可通过铜绿假单胞菌（*Pseudomonas aeruginosa*）还原银离子生成银纳米粒子，具有良好的抗菌性能。植物提取法是利用植物提取物中的还原剂和稳定剂合成纳米粒子的方法。植物提取物中的多酚、黄酮类物质能够还原金属离子并稳定生成的纳米粒子。该方法简单环保，但提取物成分复杂，难以实现标准化生产。例如，通过茶树（*Camellia sinensis*）提取物还原金离子可以制备金纳米粒子，用于生物医学成像和药物递送。

纳米粒子的制备可以通过多种途径来实现，但是这些方法大致可归类为"一步过程"和"二步过程"。"一步过程"在目前很多研究中又被称为"一锅法"。这种方法的优点在于其高效便捷，允许在单一反应容器中完成多个步骤，从而简化了合成过程并提高了产率。Wang 使用"一锅法"溶剂热合成，制备了碲化锌-氧化石墨烯（ZnTe-RGO）纳米复合材料。这种方法不仅促进了 ZnTe 纳米颗粒的形成，还将氧化石墨烯（GO）还原为还原氧化石墨烯（RGO），从而得到具有增强可见光光催化活性的复合材料[4]。Chen 采用"一锅法"制备树枝状介孔二氧化硅纳米粒子，同时实现对目标药物阿维菌素的吸附[5]。"二步过程"是一种常见的纳米粒子制备方法，其提供了更强的合成灵活性和更好的尺寸、形状控制，这对于实现纳米粒子的特定应用至关重要。然而，这种方法可能需要更复杂的实验设置和更精细的条件控制。"二步过程"通常涉及两个主要阶段，首先是纳米粒子的成核阶段（nucleation stage），其次是生长阶段（growth stage）。一般步骤为：①成核阶段。在这个阶段，纳米粒子的晶核开始形成。通常通过将前驱体物质溶解在适当的溶剂中，并在控制的条件下（如温度、pH 值、浓度等）诱导成核。成核可以通过均相成核或异相成核的方式进行。均相成核发生在溶液中，而异相成核则在已有的固体表面上发生。②生长阶段。成核后，纳米粒子将继续生长，直到达到所需的尺寸和形状。这个阶段可以通过控制反应条件（如温度、反应时间以及前驱体供应等）来调节。生长过程可以是各向同性的，也可以是各向异性的，这取决于所使用的材料和合成条件。例如，金纳米粒子或银纳米粒子可以通过"二步过程"制备。首先，在适当的还原剂存在下形成金属的晶核，然后在控制条件下继续生长，形成具有特定形状（如球形、棒状或多面体）的纳米粒子。Podlesnaia 报道了一种用微混合器衍生的种子合成金纳米三角形的新方法，该方法提供了高效的混合技术和简单的参数控制方法[6]。

## 二、纳米粒子表征技术

通过多种表征技术，可以分析纳米粒子的大小、晶体结构、元素组成以及其他物理性质。目前常用的纳米粒子表征手段包括 X 射线衍射（XRD），用于确定晶体结构和相组成；扫描电子显微镜（SEM）和透射电子显微镜（TEM）应用于观察粒子形态和尺寸；X 射线光电子能谱（XPS）应用于表面元素分析；傅里叶变换红外光谱（FTIR）应用于表征化学键和分子结构；热重分析（TGA）应用于分析纳米粒子的质量和组成信息；核磁共振（NMR）光谱用于对纳米粒子进行定量分析和结构分析；紫外-可见光谱（UV-Vis）应用于分析粒子的光学性质。

### 1. X 射线衍射（XRD）

XRD 是表征纳米粒子使用最广泛的技术之一，它能够提供关于晶体结构、相性质、晶格参数和晶粒尺寸的信息。晶粒尺寸通常通过 Scherrer 公式计算，该公式利用样品 XRD 测量中最强峰的展宽来估算。XRD 的一个主要优势在于它可以分析粉末形式的样品，通常将胶体溶液干燥后进行 XRD 分析，从而提供具有统计代表性的体积平均值。通过比较样品中峰的位置和强度与国际衍射数据中心（ICDD，前身为粉末衍射标准联合委员会 JCPDS）数据库中的参考图谱，可以确定颗粒的组成。然而，XRD 技术不适用于非晶材料，并且对于尺寸小于 3 nm 的颗粒，其 XRD 峰会变得过于宽泛而难以分析。通过 XRD 得到的粒径通常大于磁性粒径，这是因为即使在单域颗粒中，单个颗粒内也可能存在多个小区域，其中所有的磁矩都沿同一方向对齐。相比之下，对于尺寸较大的颗粒，通过透射电子显微镜测得的粒径通常大于通过 XRD 计算的粒径。事实上，当颗粒尺寸大于 50 nm 时，其表面可能有多个晶界，而 XRD 无法区分这些晶界，因此某些样品的实际尺寸可能会大于通过 Scherrer 公式计算出的 50~55 nm。有研究者制备了超小的金纳米粒子，这些粒子在 XRD 测量中显示出沿（111）方向的生长更为显著，因为该方向对应的峰比（220）方向的峰强度更大。类似地，在制备出不同形状（如立方体、板和棒）的 CuTe 纳米结构后，不同 XRD 峰的相对强度会根据颗粒形状的变化而变化。

### 2. 扫描电子显微镜（SEM）

SEM 是一种广泛使用的高分辨率成像方法，常用于表征纳米材料。SEM 利用电子进行成像，类似于光学显微镜使用可见光。有研究者结合场发射扫描电子显微镜（FESEM）和 X 射线光电子能谱（XPS）测量，研究了金纳米颗粒/两性环糊精超分子胶体系统。SEM 和 NanoSIMS 可以用于定位细胞中的金纳米颗粒，与 NanoSIMS 相比，SEM 在复杂生物系统中分析无机纳米颗粒更具优势。高分辨率扫描电镜（HRSEM）技术能够使金属纳米颗粒可视化，且样品制备快捷简便。然而，在处理生物样品时，需要减少充电产生伪影，因此可能需要进行金属涂覆，这增加了样品受到辐射损伤的风险。与其他成像技术相比，HRSEM 的优势在于能够细致观察纳米元素的排列并研究其更广泛的背景。这种技术允许研究纳米颗粒的特定空间排列，从而检查它们之间可能的相互作用。研究结果表明，HRSEM 可以相对简单地定性筛选增强金纳米颗粒穿透皮肤屏障的因素，它可以被视为一种强大而多样化的工具，用于研究生物系统与金属纳米结构之间的相互作用。

### 3. 透射电子显微镜（TEM）

TEM 是一种显微技术，利用能量通常在（60~150）keV 之间的均匀电流密度电子束与薄样品相互作用。当电子束到达样品时，一部分电子会被透射，剩余电子则发生弹性或非弹性散射。电子束与样品之间相互作用的强度取决于多个因素，如尺寸、样品密度和元素组成。最终图像是通过透射电子获取的信息构建的，尺寸和形态决定了纳米颗粒独特的一系列物理特性，包括光学、磁性、电子和催化特性，以及它们与生物系统的相互作用。TEM 是分析纳米颗粒尺寸和形状最常用的技术，因为它不仅能提供样品的直接图像，还能非常准确地估计纳米颗粒的均匀性。然而，使用该技术时需要考虑一些限制，如难以量化大量纳米颗粒或由取向效应导致误导性图像。在表征非常均匀的样品时，其他分析大量纳米颗粒的技术可能会提供更可靠的结果。纳米颗粒的性质不仅取决于它们的尺寸和形态，还受到颗粒间距离等其他因素的影响。例如，当两个金属纳米颗粒靠近时，它们的等离子体会耦合，使等离子体带发生红移并改变其颜色。因此，TEM 被用于表征纳米颗粒在不同生物医学应用中的聚集情况，包括：①传感和诊断，聚集依赖于生物标志物或分析物的存在；②治疗，聚集会增加纳米颗粒的治疗效果；③成像，聚集会增强响应信号。为了获得可靠的结果，样品制备时需要特别小心，因为不当的制备方法可能导致样品改变或伪影产生，例如在胶体悬浮液干燥过程中发生聚集。因此，TEM 通常与其他能够测量更多颗粒且需要较少样品制备的技术结合使用，如 UV-Vis 和动态光散射。HRTEM 是透射电子显微镜的一种成像模式，采用相位对比成像，将透射和散射电子结合起来生成图像。与传统的透射电子显微镜成像相比，HRTEM 需要更大的物镜孔径以利用散射电子。迄今为止，相位对比成像是开发的分辨率最高的技术，可以检测晶体结构中的原子排列。虽然传统的电子显微镜能够对纳米颗粒形态进行统计评估，但其分辨率不足以成像单个颗粒的晶体结构。HRTEM 在提供纳米颗粒结构信息方面发挥着重要作用，因此其已成为表征纳米颗粒内部结构最常用的技术。

### 4. X 射线光电子能谱（XPS）

XPS 是最广泛用于表面化学分析的技术，同时也应用于纳米材料的表征。其基本物理原理是光电效应。XPS 是一种强大的定量技术，可用于阐明材料的电子结构、元素组成和氧化态。它还能分析纳米颗粒的配体交换相互作用、表面功能化以及核/壳结构，并在超高真空条件下运行。Nag 的综述文章描述了 XPS 在研究纳米颗粒内部异质结构中的重要作用。例如，XPS 已被用于研究各种尺寸金属硫属化物纳米颗粒的环境依赖性晶体结构调控。XPS 还可以区分核/壳结构和均匀合金结构，并识别配体三辛基氧化膦（TOPO）在金属硫属化物纳米颗粒表面的键合模式。如果 TOPO 优先与表面金属元素键合，那么暴露在空气中时，未被覆盖的表面硫属化物元素可能更容易被氧化。

### 5. 傅里叶变换红外光谱（FTIR）

FTIR 是一种基于测量中红外区域（$4000 \sim 400 cm^{-1}$）电磁辐射吸收的技

术。如果分子吸收红外辐射，其偶极矩会发生变化，使分子成为红外活性分子。记录的光谱显示了与键强度、性质及特定官能团相关的吸收带的位置，从而提供有关分子结构和相互作用的信息。研究者通过在聚乙二醇（PEG）、油酸（OAc）和油胺（OAm）存在下还原硬脂酸镍，合成了尺寸范围为13～25nm、具有六方晶体结构的镍纳米颗粒（Ni NPs）。FTIR 光谱显示了纳米颗粒表面存在的特征基团，例如 OAc 和 OAm 中的—HC=CH—排列，同时还研究了配体在纳米颗粒表面的结合模式。

### 6. 热重分析（TGA）

虽然 FTIR 能提供有关纳米颗粒-稳定剂相互作用和稳定剂类型的信息，但它并不能提供表面覆盖程度或纳米颗粒与稳定剂的质量比等信息，而这对于将饱和磁化值归一化到纯金属含量非常重要。TGA 可以提供有关稳定剂的质量和组成的信息，使用这种技术将纳米材料样品加热，不同降解温度的成分会分解和挥发，记录质量的变化。TGA 设备记录温度和质量损失，并考虑起始样品质量，从而可以确定纳米颗粒有机配体的类型和数量。在载药研究中，TGA 扮演着重要的角色。通过 TGA，可以对药物载体系统中的载药过程进行深入了解。首先，TGA 可以用来研究药物与载体之间的相互作用。通过观察在升温过程中的质量变化，可以推断出药物与载体之间的相互作用类型，例如物理吸附或化学结合。其次，TGA 可以帮助确定药物的负载量和释放特性。通过监测在不同温度下的质量变化，可以确定载药系统中的药物含量以及药物的释放温度和速率。Jing 等将由羧甲基纤维素钠（CMC）、多糖和壳聚糖（CS）组成的水凝胶微珠作为胰岛素载体，利用 TGA 分析，证实了水凝胶微球成功包覆胰岛素，且载药量（DL）可达 $(69.43\pm7.32)$ mg/g[7]。此外，TGA 还可以用于评估载体的稳定性和热性能，这对于确定载药系统的稳定性和适用性至关重要。Sethoga 等开发了一种超合成吸附剂来提取水中的农药，通过 TGA 证明了纳米复合材料在农药定量操作温度内高度稳定[8]。

### 7. 核磁共振（NMR）

NMR 光谱是一种在纳米材料定量分析和结构确定中非常重要的技术。它基于具有非零自旋的原子核在强磁场中产生的 NMR 现象，这会导致"自旋向上"和"自旋向下"状态之间的微小能量差异。通过射频范围内的电磁辐射可以探测这些状态之间的跃迁。NMR 通常用于研究配体与抗磁性或反铁磁性纳米颗粒表面之间的相互作用或配位。然而，它不适用于表征铁磁性或亚铁磁性材料，因为这些材料的高饱和磁化强度会导致局部磁场的变化，从而引起信号频率的偏移和弛豫时间的显著缩短，导致信号峰显著展宽，使测量几乎无法解释和应用。$^1$H NMR 的化学位移行为对周围的电子环境非常敏感，这包括核的电子结构和键合环境。因此，分子手性（或缺乏手性）的任何变化都能通过邻近自旋位置的化学位移变化反映出来。这使得NMR在评估小型、类似分子的纳米簇的手性方面具有重要意义。此外，NMR还可以直接监测吸附气体在金属纳米颗粒表面的扩散过程。

### 8. 紫外-可见光谱（UV-Vis）

UV-Vis是一种相对容易且低成本的表征方法，它通过测量样品反射的光强度，并将其与参考材料反射的光强度进行比较。纳米颗粒具有对尺寸、形状、浓度、聚集状态和表面附近折射率敏感的光学特性，因此UV-Vis成为识别、表征和研究这些材料的重要工具，并评估纳米颗粒胶体溶液的稳定性。UV-Vis在纳米农药研究中具有重要作用，可以用来研究纳米农药的光学特性，包括吸收峰的位置和强度。这些特性可以帮助确定纳米农药的粒径、形状和分散状态。在纳米农药的合成过程中，UV-Vis可以用来实时监测反应的进展。例如，通过观察特征吸收峰的变化，可以判断纳米农药的生成情况和稳定性。此外，UV-Vis还可以，通过测量样品在特定波长处的吸光度，计算出纳米农药的浓度，这对于纳米农药制备以及后续的应用具有重要意义。UV-Vis还被用来评估纳米农药在不同环境条件下的稳定性，通过观察在不同时间点或不同条件下的光谱变化，可以了解纳米农药的聚集状态和降解情况。最后，一些纳米农药具有光敏性能，UV-Vis可以用来研究其在光照条件下的分解行为。这对于开发基于光敏感机制的纳米农药具有重要意义。

在某些情况下，要全面了解与纳米粒子相关的各种特征，通常需要使用多种技术，以便充分和完整地评估纳米粒子的单种特性。但由于每种技术都有其独特的优势和局限性，这种复杂性使得选择最合适的方法变得更具挑战性。

# 第二节
# 生物活性分子的纳米封装

生物活性分子因其天然活性成分、良好的生物相容性和高靶向性，在各个领域得到了广泛应用。然而，这些分子通常具有相对较大的分子质量和复杂的结构，并且易于降解且稳定性差，这些特性限制了它们的实用性。因此，需要通过创新的方法和技术来克服这些限制，例如纳米封装、化学修饰和新型递送系统的开发，以提高其稳定性、生物利用度和靶向性。

纳米封装是将一种或多种物质（核心材料）固定在基质或壳壁中的方法，称为壳、封装体、壁或载体材料。壁材料充当物理屏障，赋予封装产品重要的物理化学和生物学特性，如保护核心材料或限制其与环境的相互作用，从而提高储存稳定性或在生物系统中应用时保持生物活性。不同的生物活性分子在实现纳米封装的过程中所采用的方式和方法各不相同，目前实现纳米封装的方法主要有将生物活性分子限制在聚合物骨架内、包裹在纳米囊中、封闭在树枝状聚合物中、通过化学键或物理吸附等方法修饰于纳米粒子表面等。有研究者使用温和的无表面活性剂逆纳米沉淀工艺制备亲水性聚甘油纳米颗粒模板，通过铜催化点击化学原位交联，生成 $100\sim1000$ nm 可生物降解的聚甘油纳米凝胶，纳米凝胶在酸性 pH 值下迅速降解，在生理 pH 值下保持稳定，能够有效封装和释放包括蛋白质在内的生物大分子，且在药物释放后保留酶的活性和结构完整性，适用于聚合物治疗和纳米药物制备。欧阳钢锋教授及其团队提出了一种半胱氨酸增强的仿生封装策略，这种方法利用半胱氨酸、聚乙烯吡咯烷酮和蛋白质形成自组装体，促进金属离子在蛋白质周围富集，加速 MOFs 的预先成核。封装的蛋白质和酶能维持自然构象，并在 MOFs 保护层的作用下在极端环境下保持高生物活性[9]。

利用各类纳米粒子还能实现对生物活性分子的保护和提高其生物活性，尤其在农业领域应用较为广泛。Rao 等人制备了花状的氢氧化镁纳米粒子并对苏云金芽孢杆菌（Bt）在孢子形成阶段产生的 Cry1Ac 蛋白进行封装，导致 Cry1Ac 蛋白在棉花上的附着力提高了 59.50%，对棉铃虫的防控效率提高了 75.00%[10]。Pan 也报道了利用片状的 $Mg(OH)_2$ 作为 Cry1Ac 蛋白的纳米载体，能有效提高 Cry1Ac 蛋白对茶尺蠖的杀虫效果[11]。Chen 将六种不同的生物大分子封装在水基二氧化硅纳米粒子中，能有效保护生物活性分子抵抗各种极端环境，同时该复合材料显示出优异的重复使用性[12]。相对于以上的传统纳米粒子，多孔和晶体有机材料，包括金属有机框架（MOFs）、氢键有机框架（HOFs）和共价有机框架（COFs），由于其高结晶度、高孔隙度、明确的结构和可调功能的固有优势，目前被广泛地用于生物活性分子的载体。Liu 报道了高度稳定的介孔金属有机框架 PCN-777 可以容纳相对较大分子尺寸的生物活性杀虫剂阿维菌素（AVM），能有效阻止 AVM 的紫外线光解，并且具有较高的杀虫效力和田间防治效力[13]。

# 第三节
# 纳米生物农药的配方开发

纳米生物农药配方设计需遵循一系列基本原则，以确保农药活性成分与纳米载体的相容性，并考虑环境因素对配方性能的影响，同时满足目标作物和害虫种类的特定需求。配方设计的基本原则不仅要求农药活性成分与纳米载体的物理化学相容性，还需考虑两者在不同环境条件下的稳定性和释放特性。例如需考虑在高温或强光照环境下，纳米载体是否能够有效保护活性成分不被降解，同时确保其在适宜的时间和位置释放，以达到最佳的防治效果。针对特定作物和害虫的需求，配方设计还需要结合作物的生长周期和害虫的生活习性，定制化地调整农药的释放模式和浓度。Iqbal 报道了利用纳米沉淀法对纳米生物农药进行开发并通过响应面方法进行优化，优化后的纳米生物农药平均粒径为 (275.8 ± 0.95) nm，对赤拟谷盗和多米尼加红豆的致死率显著提高且显示出良好的稳定性[2]。

在配方组分的选择上，表面活性剂的种类和浓度直接影响纳米粒子的分散性和稳定性。选择合适的表面活性剂可以显著提高农药的生物利用度和使用效果。溶剂和助溶剂的选择需考虑其对活性成分的溶解度、配方的黏度和挥发性，以确保配方在施用过程中操作简便和效果稳定。防腐剂和抗氧化剂的加入不仅能延长产品的货架期，还能防止活性成分在储存期间的降解和失效。Campolo 研究了不同表面活性剂、超声处理和植物种类对纳米生物农药理化特性的影响。研究发现，超声处理后的纳米制剂胶束尺寸比未经过超声处理的更小且更均匀，从而形成更稳定的纳米乳液。此外，使用 Tween 80 作为表面活性剂生产的乳液效果最佳[14]。Feng 及其团队研究发现，乳化剂类型、用量和乳化方法显著影响 D-柠檬烯负载纳米乳液的形成和稳定性，并最终得出优化的纳米乳液配方为 10% D-柠檬烯、6% EL-40 和 84% 去离子水[15]。An 设计了一种特定的表面活性剂，与甲氨基阿维菌素苯甲酸盐（EB）合成水基纳米递送系统（EBWNS），表现出 EB 的持久有效性，并对多种目标害虫表现出良好的防治效果[16]。

配方的优化是一个复杂的过程。正交实验设计通过系统化的实验方法研究多种因素的交互作用，从而找出最佳的配方组合。计算机辅助配方设计则利用先进的软件工具，通过模拟和预测不同组分和参数对配方性能的影响，节省时间和成本。Zhao 等在理论计算和环糊精初步研究的基础上，开发了一种高度溶解的叶黄素-环糊精多组分递送系统，经过筛选后，溶解度提高了 400 倍以上，这也说明了计算机辅助配方设计是未来配方开发的一种有前景的方法[17]。

生物活性评估在纳米生物农药开发中扮演着重要角色。实验室规模的生物活性测试可以快速筛选出潜力配方，而田间试验则在真实农业环境中验证其实际效果和经济性。通过多层次的生物活性评估，确保配方在各种应用条件下都能展现最佳效果。

最后,安全性和环境影响评估是纳米生物农药开发过程中不可忽视的部分。应评估纳米生物农药对非靶标生物的影响,确保其对有益生物和人类健康的安全性。环境归趋和降解性研究则应关注纳米生物农药在环境中的持久性和降解产物,评估其对生态系统的长期影响,确保其在实现农药效果的同时,不对环境造成负面影响。

# 参考文献

[1] Bae M, Lewis A, Liu S, et al. Novel biopesticides based on nanoencapsulation of azadirachtin with whey protein to control fall armyworm[J]. Journal of Agricultural and Food Chemistry, 2022, 70(26): 7900-7910.

[2] Iqbal H, Jahan N, Khalil R, et al. Formulation and characterisation of *Azadirachta indica* nanobiopesticides for ecofriendly control of wheat pest *Tribolium castaneum* and *Rhyzopertha dominica*[J]. Journal of Microencapsulation, 2022, 39(7-8): 638-653.

[3] Yaakov N, Ananth Mani K, Felfbaum R, et al. Single cell encapsulation via pickering emulsion for biopesticide applications[J]. ACS Omega, 2018, 3(10): 14294-14301.

[4] Wang H X, Wu R, Wei S H, et al. One-pot solvothermal synthesis of ZnTe/RGO nanocomposites and enhanced visible-light photocatalysis[J]. Chinese Chemical Letters, 2016, 27(9): 1572-1576.

[5] Chen L, Hu J, Pang H, et al. Sustainable DMSNs nano-biopesticide platform built by a "one-pot" method focusing on injury-free drug demonstration of pine wood nematodes[J]. Environmental Science: Nano, 2024, 11(1): 363-372.

[6] Podlesnaia E, Gerald Inangha P, Vesenka J, et al. Microfluidic-generated seeds for gold nanotriangle synthesis in three or two steps[J]. Small, 2023, 19(22): 2204810.

[7] Jing Y, Zhang Y, Cheng W, et al. Preparation, characterization and drug release properties of pH sensitive *Zingiber officinale* polysaccharide hydrogel beads[J]. International Journal of Biological Macromolecule, 2024, 263: 130376.

[8] Sethoga L S, Magadzu T, Ambushe A A. Pre-concentration of pesticides in water using isophorone diamine multiwalled carbon nanotubes-based solid-phase extraction technique and analysis by gas chromatography-mass spectrometry[J]. International Journal of Environmental Science and Technology, 2024, 21(3): 2881-2896.

[9] Chen G, Huang S, Kou X, et al. Convenient and versatile amino-acid-boosted biomimetic strategy for the nondestructive encapsulation of biomacromolecules within metal-organic frameworks[J]. Angewandte Chemie International Edition, 2019, 58(5): 1463-1467.

[10] Rao W, Zhan Y, Chen S, et al. Flowerlike $Mg(OH)_2$ cross-nanosheets for controlling Cry1Ac protein loss: Evaluation of insecticidal activity and biosecurity[J]. Journal of

Agricultural and Food Chemistry, 2018, 66(14): 3651-3657.

[11] Pan X H, Cao F, Guo X P, et al. Development of a safe and effective *Bacillus thuringiensis*-based nanobiopesticide for controlling tea pests[J]. Journal of Agricultural and Food Chemistry, 2024, 72(14): 7807-7817.

[12] Chen G, Hu Q, Schulz F, et al. Aqueous-based silica nanoparticles as carriers for catalytically active biomacromolecules[J]. ACS Applied Nano Materials, 2021, 4(9): 9060-9067.

[13] Liu J, Xu D, Xu G, et al. Smart controlled-release avermectin nanopesticides based on metal-organic frameworks with large pores for enhanced insecticidal efficacy[J]. Chemical Engineering Journal, 2023, 475: 146312.

[14] Campolo O, Giunti G, Laigle M, et al. Essential oil-based nano-emulsions: Effect of different surfactants, sonication and plant species on physicochemical characteristics[J]. Industrial Crops & Products, 2020, 157: 112935.

[15] Feng J, Wang R, Chen Z, et al. Formulation optimization of D-limonene-loaded nanoemulsions as a natural and efficient biopesticide[J]. Colloids & Surfaces A Physicochemical & Engineering Aspects, 2020, 596: 124746.

[16] An C, Huang B, Jiang J, et al. Design and synthesis of a water-based nanodelivery pesticide system for improved efficacy and safety[J]. ACS Nano, 2024, 18(1): 62-679.

[17] Zhao Q, Miriyala N, Su Y, et al. Computer-aided formulation design for a highly soluble lutein-cyclodextrin multiple-component delivery system[J]. Molecular Pharmaceutics, 2018, 15(4): 1664-1673.

CHAPTER 06

第六章
# 纳米生物农药的靶向释放系统

第一节 控释技术的原理与应用
第二节 靶向性设计策略
第三节 环境响应型纳米载体

## 第一节
## 控释技术的原理与应用

纳米尺度的农药颗粒具有独特的物理和化学特性，如尺寸效应、表面效应和生物相容性，这些特性为控释技术提供了基础。尺寸效应使得农药颗粒具有更大的比表面积，从而提高了其与害虫接触的机会；表面效应增强了农药颗粒的吸附能力和反应活性；生物相容性则确保了农药颗粒在生物体内外的安全性。

控释技术是一种通过控制农药释放速率和模式，以实现高效、持续作用的技术。这种技术主要依赖于纳米载体的特殊性能。纳米载体可以是聚合物基、无机材料或它们的复合材料，这些载体能够封装保护农药分子，并在特定条件下实现定向释放和缓释。

纳米载体的响应性是控释技术的关键。它们能够根据外部环境变化（如pH值、温度、光照等）或内部生物信号（如酶的作用）来调节农药的释放速率。例如，某些纳米载体在酸性环境下会加速释放农药，而在碱性环境下则减缓释放，从而实现对特定害虫的靶向作用。纳米生物农药的靶向释放系统的研究基于现代农业生产需求、环境保护、食品安全、气候变化适应以及农药产业的发展趋势。开发高效、环境友好的农药系统对于保障粮食安全、推动农业可持续发展具有重要意义。

## 第二节
## 靶向性设计策略

控释技术的核心在于通过特定的载体材料和设计，实现生物农药活性成分的定时、定量、定位释放。这些载体材料可以是纳米粒子、纳米胶囊或其他纳米结构，它们能够响应外部环境的变化或者内部生物过程，从而控制农药的释放。

### 一、刺激响应型载体

刺激响应型载体指纳米载体能够对特定的环境刺激做出反应，从而触发农药的释放。这种响应可以是基于pH值的变化、温度的升高、特定酶的存在或氧化还原状态的改变。例如，某些害虫的消化过程中会产生特定的酶，这些酶能够触发农药的释放，实现对害虫的精准打击。此外，不同的作物生长环境和病虫害发生条件提供了丰富的刺激源，使得刺激响应型释放系统具有广泛的应用前景。例如，中国农业大学曹永松教授团队开发的氧化还原响应型生物可降解二氧化硅纳米粒子（MSNs-ss-OH 纳米粒子），利用生物体中存在的谷胱甘肽作为刺激因子，实现了农药的快速释放和降解[1]。而利用α-淀粉酶作为刺激反应因子，实现了农药在昆虫消化过程中的及时释放，减少了对植物的危害[2]。

## 二、封装与保护型载体

封装与保护型载体是指将生物农药分子封装在纳米载体内部，保护它们免受外界环境的不利影响，如紫外线的降解作用、水分的流失等。这种封装作用不仅延长了农药的有效期限，还有助于维持农药的稳定性，减少由环境因素导致的活性成分损失。此外，封装技术还可以防止农药在非目标区域的不必要释放，从而减少对非靶标生物的影响和环境污染。例如，使用纳米载体（如二氧化硅、聚琥珀酰亚胺和聚氨酯）可以显著提高阿维菌素的光稳定性，降低环境毒性，并通过封装作用减少了农药的早期释放。

## 三、缓释与控释型载体

缓释与控释技术通过调整纳米载体的物理和化学特性，精确控制农药的释放速率和持续时间，通过纳米技术实现农药活性成分的精准释放，以提高农药的生物利用度、减少环境污染、提高作物保护效率，并减少农药的使用频率和总用量。缓释与控释型纳米载体农药系统也是研究的热点，制备技术包括物理吸附、化学偶联、包裹、自组装等，构建的智能响应系统能够根据环境变化（如 pH、温度、酶活性等）响应并释放农药。例如，崔海信等开发出温度响应型的纳米凝胶载体（NIPAM-co-BMA），具有高载药量和优良的温度响应释药性能[3]。黄啟良等研究开发了一种通过多巴胺螯合铜离子至介孔二氧化硅纳米颗粒（AZOX@MSNs-PDA-Cu）的系统，该系统通过铜离子与嘧菌酯（AZOX）的配位作用减缓释放速率，并具备 pH 响应性，能在不同 pH 值下进行调节释放[4]。

纳米生物农药的靶向释放系统利用控释技术，通过纳米载体封装和智能响应机制，实现了农药的高效、精准释放。这种系统不仅提高了农药的利用率和作物保护效果，而且减少了环境污染和农药使用量，同时改善了农药的物理化学性质和生物活性。随着技术的进步，这一系统有潜力进一步推动农业的可持续发展，尽管需要对其长期环境影响进行评估以确保安全性。

# 第三节
# 环境响应型纳米载体

环境响应型纳米载体是纳米技术领域中的一个前沿分支，它们能够对环境变化做出响应，从而在特定条件下释放其载荷。这一特性使得环境响应型纳米载体在药物递送、农业、环境修复等多个领域展现出巨大的应用潜力。环境响应型纳米载体的设计基于对外界环境变化的敏感性，这些变化包括温度、pH 值、光照、酶活性等。其中 pH 响应研究占 37%，其次是光响应占 27%、温度响应占 17%、酶及氧化还原等其他响应刺激占 19%[5]。通过在纳米载体中嵌入特定的响应单元，可以实现对这些环境因素的精确识别和响应。

## 一、温度响应型纳米载体

温度响应型纳米载体可以根据季节性气候变化和作物生长周期，智能调节农药释放，提高农药的环境适应性和作物保护效果，提高农药的利用效率和防治效果。农作物病虫害的发生往往与温度变化有关，利用温度敏感材料的特性，通过热敏相变、热膨胀或收缩、温度诱导的化学键断裂、溶解度变化、物理状态变化以及温度响应酶活性等机制，实现在特定温度下农药的精准释放，从而提高农药的利用效率，减少环境污染，并有效降低对非靶标生物的影响。

随着智能材料科学的不断进步，这些载体的设计越来越精细化，能够保护农药分子免受不利环境因素影响，确保其在最佳状态下发挥作用。例如，华中农业大学的研究团队已经成功研制了基于温度响应型聚合物修饰的中空介孔二氧化硅纳米复合物的载药体系，这种体系在外界温度变化时能够智能调节农药释放[6]，提高作物保护效果。这些进展不仅展示了温度响应型纳米载体在提高农药环境适应性和生物活性方面的潜力，同时也体现了绿色化学和可持续合成路径的发展方向。除此之外，温度响应型纳米载体的设计通常基于温度敏感的材料，如聚 $N$-异丙基丙烯酰胺（PNIPAM），这类聚合物在特定温度下会发生相转变，导致物理性质的改变，从而调控农药分子的释放。这种智能响应机制使得农药释放与病虫害发生的温度条件相匹配，提高了农药的针对性和防治效果。除此之外，徐益升教授和黄青春教授团队采用温度响应共聚物聚-[2-(二甲基氨基)乙基甲基丙烯酸酯]-$b$-聚($\varepsilon$-己内酯)（PDMAEMA-$b$-PCL）作为载体，通过瞬时纳米沉淀技术开发了一种新型纳米农药制剂。该制剂具有温度响应型、高叶片黏附性和高载药率，且稳定性良好[7]。李晓刚教授团队研究

了一种温敏型 β-环糊精（β-CD）纳米载体，用于控制农药的释放，这种载体能够响应特定温度变化和生物刺激，实现农药的智能释放[8]。

## 二、pH 响应型纳米载体

pH 响应型纳米生物农药载体能够根据环境 pH 值的变化调节农药的释放，从而提高农药的使用效率并减少对环境的不良影响。pH 响应型纳米载体在纳米生物农药领域的未来发展趋势正朝着精准农业、环境友好型农药开发、提高农药生物活性、减少农药用量、多功能一体化纳米载体开发以及绿色合成路径探索等方向迅速发展。随着精准农业技术的进步，这些智能载体能够根据作物生长的具体环境条件如土壤 pH 值，精确控制农药释放，从而提高农药的利用效率并减少环境污染。环境友好型农药的开发将通过减少非靶标区域的农药释放，降低对有益生物和非靶标作物的影响。载体材料中的酸性官能团如羧基、磺基等，在碱性条件下会发生离子化，而在酸性条件下则可能发生去离子化。碱性官能团如嘧啶、氨基等则相反，在酸性条件下离子化，在碱性条件下去离子化。这种离子化和去离子化的过程会导致载体材料发生溶胀、破裂等结构变化，进而控制农药的释放。另外，在较低的 pH 值下，载体材料上的碱性官能团可能会接受质子，导致结构变化，促进农药的释放。某些载体设计了在特定 pH 条件下易断裂的化学键，如酰腙键、缩醛键、缩酮键以及硼酸酯等。当 pH 值降低到某一阈值时，这些化学键会断裂，导致农药的释放。这种控释功能将使得农药的整体使用量显著减少，符合国家农药减量增效的战略。此外，pH 响应型纳米载体的保护作用有助于提高农药分子的生物活性和药效。未来的纳米载体可能会集成靶向型、环境响应型、生物降解型等多重功能，实现农药的智能化管理。同时，研究者也在探索绿色、可持续的合成路径来制备这些纳米载体，减少有害化学物质的使用，推动绿色化学的发展。

赵金浩教授团队开发了一种 pH 响应型核壳纳米载体（ZnO-Z），用其负载杀菌剂小檗碱后对番茄青枯病具有良好的防治效果，构建的载药体系可以在酸性环境下快速释放小檗碱，与番茄青枯病暴发时土壤 pH 值相对应，实现根据 pH 精准释放[9]。吴学民教授等开发了一种 pH 响应型 ZIF-8 薄膜，用于控制释放农药。该薄膜能够在不同的 pH 值下调节农药的释放速率，以适应不同的农业环境。这种 pH 响应型控释技术有效提高了农药的目标利用率，同时降低了对非目标生物和环境的影响[10]。江南大学赵翌等研究了一种以 ZnO 量子点为 pH 响应的农药负载空心介孔二氧化硅纳米粒子（HMSNs），该纳米农药具有高载药率和优异的 pH 响应性，在弱酸性环境下的累积释放量显著高于中性环境，为促进农药利用提供了新的策略[11]。未来关于 pH 响应型纳米载体的研究将继续探索新型 pH 响应材料、优化载体的释药性能，以及评估其在实际农业应用中的有效性和安全性。

## 三、光响应型纳米载体

光响应型纳米生物农药载体是一种利用光照变化控制农药释放的智能系统，它在精准农业和环境保护方面具有重要应用价值。光响应型纳米载体的设计基于一个核心概念，即利用光作为触发因素来激活或加速农药分子的释放。响应原理主要涉及利用光响应纳米控释系统，利用光敏材料或在载体材料上修饰的光刺激性结构，在紫外光或可见光的刺激下，光敏结构会发生裂解、异构或极性变化，从而释放被包裹的农药活性成分。这种设计使得农药的使用更加精准，大大减少了对环境的负担，并提高了作物保护的效率。在光照条件下，这些纳米载体的结构或化学组成发生变化，导致封装在其中的农药分子被释放出来。

汪清民教授团队开发了一种光交联纳米凝胶载体。该载体通过将硫辛酸引入含氟表面活性剂，合成具有表面活性和交联特性的乳化交联剂。利用这种乳化交联剂，通过反相法制备负载阿维菌素的纳米乳液，再通过紫外光照引发交联反应，形成纳米凝胶。这种纳米凝胶在不同谷胱甘肽浓度下表现出响应型释放行为，且具有优异的叶片铺展润湿性、叶面保留性、抗光解性能，有效提高了农药的利用率[12]。

## 四、酶响应型纳米载体

在现代农业实践中，精准农业的概念日益受到重视，而酶响应型纳米生物农药载体正是实现这一目标的关键技术之一。这类载体通过其独特的设计，能够精确感应到病害发生时植物体内或病原体释放的特定酶。例如，当植物受到病原体侵害时，植物自身或病原体会释放特定的酶如多聚半乳糖醛酸酶（PG），作为病害发生的标志。纳米载体可以被设计成对这类酶具有敏感性，一旦检测到这些特定的酶，载体就会响应性地释放封装在其中的农药分子。此外，酶响应型纳米载体的设计还考虑到了环境因素。例如，一些载体能够响应土壤中微生物产生的酶，从而在作物根部形成保护屏障，减少土传病害的发生。

Luo 等开发了一种酶响应型纳米颗粒，其可通过酶诱导的聚集以选择性地增强他克莫司在肝移植中的积累，从而提高他克莫司的免疫治疗效果[13]。这种纳米颗粒在免疫治疗中的应用展示了酶响应型载体在生物医学领域的潜力。在纳米生物农药领域，华南农业大学徐汉虹教授和张志祥教授团队开发了一种光交联纳米凝胶载体,该载体能够响应特定酶的存在,从而在植物病理部位实现农药的控制释放。这种纳米凝胶载体在体外实验中显示出良好的酶响应释放行为和优异的生物活性[14]。扬州大学冯建国团队开发了一种 pH 和纤维素酶双重响应的纳米金属有机框架(NMOF),用于靶向递送农药。该系统能够响应病原真菌的代谢产物以及土壤微环境,实现农药的智能释放。这种双重响应机制提高了农药的利用效率,并减少了农药对非靶标区域的影响[15]。中国农业大学吴学民教授团队采用天然聚合物修饰后的纳米涂层阿维菌素(AVM),制备了双酶响应纳米农药(AVM@EC@Pectin)。这种处理方法可以响应松树侵扰期间松材线虫和媒介昆虫分泌的细胞壁降解酶,智能释放农药,切断传播和侵染途径,实现松材线虫病害的综合防治[16]。酶响应型纳米载体的设计允许它在正常的生理条件下保持稳定,只有在遇到特定酶时才会释放农药。这种设计显著提高了农药的使用效率,并减少了对非靶标区域的农药暴露,从而降低了农药对环境和非靶标生物的潜在影响。

# 参考文献

[1] Liang Y, Gao Y, Wang W, et al. Fabrication of smart stimuli-responsive mesoporous organosilica nano-vehicles for targeted pesticide delivery[J]. Journal of Hazardous Materials, 2020, 389: 122075.

[2] Kaziem A E, Gao Y, Zhang Y, et al. α-Amylase triggered carriers based on cyclodextrin anchored hollow mesoporous silica for enhancing insecticidal activity of avermectin against *Plutella xylostella*[J]. Journal of Hazardous Materials, 2018, 359: 213-21.

[3] Xu X, Sun J, Bing L, et al. Fractal features of dual temperature/pH-sensitive poly(*N*-isopropylacrylamide-co-acrylic acid) hydrogels and resultant effects on the controlled drug delivery performances[J]. European Polymer Journal, 2022, 171: 111203.

[4] Xu C, Shan Y, Bilal M, et al. Copper ions chelated mesoporous silica nanoparticles via dopamine chemistry for controlled pesticide release regulated by coordination bonding[J]. Chemical Engineering Journal, 2020, 395: 125093.

[5] Gao Y H, Zhang Y H, He S, et al. Fabrication of a hollow mesoporous silica hybrid to improve the targeting of a pesticide[J]. Chemical Engineering Journal, 2019, 364: 361-369.

[6] Gao Y, Xiao Y, Mao K, et al. Thermoresponsive polymer-encapsulated hollow mesoporous silica nanoparticles and their application in insecticide delivery[J]. Chemical Engineering Journal, 2019, 383: 123169.

[7] Tang J, Tong X, Chen Y, et al. Deposition and water repelling of temperature-responsive nanopesticides on leaves[J]. Nature Communications, 2023, 14(1): 6401.

[8] Li C, Wang N, Jiao L, et al. Safe and intelligent thermoresponsive β-cyclodextrin pyraclostrobin microcapsules for targeted pesticide release in rice disease management[J]. ACS Applied Polymer Materials, 2024, 6(3): 1922-1928.

[9] Liang W, Cheng J, Zhang J, et al. pH-responsive on-demand alkaloids release from core-shell ZnO@ZIF-8 nanosphere for synergistic control of bacterial wilt disease[J]. ACS Nano, 2022, 16(2): 2762-2773.

[10] Ma Y J, Wang Y M, Zhao R, et al. pH-responsive ZIF-8 film-coated mesoporous silica nanoparticles for clean, targeted delivery of fungicide and environmental hazard reduction [J]. Journal of Environmental Chemical Engineering, 2023, 11(6): 11.

[11] Zhao Y, Zhang Y, Yan Y, et al. pH-responsive pesticide-loaded hollow mesoporous silica nanoparticles with ZnO quantum dots as a gatekeeper for control of rice blast disease [J]. Materials, 2024, 17(6): 1344.

[12] Xu X, Shi X, Wang B, et al. Facilely construct of GSH-responsive nanogel by photocrosslinking based on a new multi-functional emulsify-crosslinking agent for comprehensively improved utilization rate of pesticides[J]. Chemical Engineering Journal, 2024, 485: 150061.

[13] Luo F, Li M, Chen Y, et al. Immunosuppressive enzyme-responsive nanoparticles for enhanced accumulation in liver allograft to overcome acute rejection[J]. Biomaterials, 2024, 306: 122476.

[14] Yang L, Chen H, Zhu S, et al. Pectin-coated iron-based metal-organic framework nanoparticles for enhanced foliar adhesion and targeted delivery of fungicides[J]. ACS Nano, 2024, 18(8): 6533-6549.

[15] Sun L, Hou C, Wei N, et al. pH/cellulase dual environmentally responsive nano-metal organic frameworks for targeted delivery of pesticides and improved biosafety[J]. Chemical Engineering Journal, 2023, 478: 147294.

[16] Ma Y, Yu M, Sun Z, et al. Biomass-based, dual enzyme-responsive nanopesticides: eco-friendly and efficient control of pine wood nematode disease[J]. ACS Nano, 2024, 18(21): 13781-13793.

CHAPTER 07

第七章
# 纳米生物农药在农业和非农业领域中的应用

第一节　纳米生物农药在防治作物病虫害中的应用
第二节　纳米生物农药在储粮保护中的应用
第三节　纳米生物农药在非农业领域的应用

# 第一节
# 纳米生物农药在防治作物病虫害中的应用

## 一、防治水稻病虫害的纳米生物农药

水稻（*Oryza sativa* L.）是我国重要的粮食经济作物之一，水稻病虫害防控关乎我国粮食安全。白背飞虱（*Sogatella furcifera*）是水稻上危害最为严重的害虫之一，其通过刺吸韧皮部汁液造成直接危害，韧皮部营养物质流失，导致生长发育迟缓，对作物健康和生产力造成负面影响。白背飞虱也是南方水稻黑条矮缩病毒的传播媒介，进一步加剧了其虫害状况。尽管化学杀虫剂是目前治理白背飞虱的主要方法，但已经报道了白背飞虱对三氟甲基嘧啶、噻虫嗪、吡虫啉和阿维菌素的抗性。因此，迫切需要寻找替代的生态友好的害虫控制方法。研究表明，dsRNA 所介导的 RNA 干扰是目前防控该虫害的有力手段，但同时也存在诸多问题。包括 dsRNA 易被 RNA 酶以及害虫肠酶所分解、靶标穿透性差以及植物传导性弱等问题，在一定程度上限制了其应用。目前，将纳米载体引入用于提高 dsRNA 对白背飞虱干扰效率的研究较多，主要集中于利用星形聚合物纳米颗粒包封 dsRNA 形成可进行喷雾的纳米颗粒。该型纳米生物农药可显著使白背飞虱相应酶活性下降，蜜露排泄减少，且对花粉蝇等非靶标生物是无毒安全的，具有良好的应用前景。

褐飞虱（*Nilaparvata lugens*）对水稻的危害主要包括成虫直接吸食造成稻株倒伏、产卵形成伤口进一步加重危害以及传播草状丛矮病和齿叶矮缩病。印楝素是一种良好的植物提取型生物农药，具有较为显著的褐飞虱防控效果。同时，为了加强印楝素对褐飞虱的抑制效果，研究者利用生物基阳离子和阴离子水性聚氨酯分散体包封印楝素，可提高药物的光热稳定性、叶片沉积性、耐冲刷性、滞留能力和缓释性，并最终提高对褐飞虱的控制效果[1]。

水稻条纹螟虫（*Chilo suppressalis*）是破坏水稻生产的主要鳞翅目害虫。为了加强对该虫的治理，将壳聚糖、碳量子点以及脂质体与 dsRNA 相结合，结果表明这 3 种纳米材料均都能同样提高 dsRNA 的稳定性和细胞吸收率，从而实现高效的饲喂递送以及干扰效果。其中又以碳量子点效果最好，其具有很强的内体逃逸能力，是 dsRNA 最有效的载体，从而导致水稻条纹螟虫相关重要基因被高效沉默，并最终导致其死亡[2]。

稻瘟病又名稻热病、火烧瘟、叩头瘟等，是由稻瘟病原菌引起的、发生在水稻上的一种毁灭性病害。稻瘟病在水稻整个生育期中都可发生,危害秧苗、叶片、穗、节等。研究显示,辣木壳聚糖纳米颗粒可直接作用于稻瘟病菌,激发水稻的抗病基因表达,提高有益微生物的丰度,最终达到病害防控效果[3]。

## 二、防治蔬菜害虫的纳米生物农药

蔬菜是人们日常饮食中必不可少的食物之一。蔬菜可提供人体所必需的多种维生素和矿物质等营养物质。目前防控蔬菜病虫害的主要手段还依赖于化学农药,但不合理应用带来的农药残留(residue)、有害生物再度猖獗(resurgence)及生物抗药性(resisitance),即"3R"问题,促使人们主动寻找更加安全可靠的手段。目前,一些传统的生物农药在应对蔬菜病虫害暴发时存在诸多局限性,尤其在速效性和持效性方面表现较差,影响了其进一步应用。为了解决这些问题,研究人员集中关注采用纳米技术来提高生物农药的效果。这一领域已成为当前研究的热点。

(1) 防控小菜蛾 小菜蛾(*Plutella xylostella* Linnaeus)是一种对十字花科蔬菜生产和发展危害最为严重的一种害虫,其防治难度大。针对这一问题,研究者利用纳米技术构筑纳米生物农药,以增加对小菜蛾的防控效果。利用纳米介孔二氧化硅包封负载阿维菌素,可提高阿维菌素的缓释性和杀小菜蛾效果,并增加药物在环境中的持效期。利用介孔二氧化硅包裹阿维菌素,再辅以淀粉颗粒的包封,可提高阿维菌素的光稳定性、缓释性和对小菜蛾的杀虫活性,同时该新型纳米生物药剂还具有酶响应释放性,提高了阿维菌素的靶向释放性。采用自组装法制备多功能阿维菌素/聚琥珀酰亚胺-甘氨酸甲酯纳米粒,可提高阿维菌素的光稳定性、pH响应释放性、植物传导性,提高阿维菌素对小菜蛾的杀虫活性,并促进植物的生长。利用连续纳米沉淀法,以阿维菌素、异硫氰酸荧光素异构体修饰蛋白和食品级阿拉伯树胶为基础,构建了一种新型酶响应型荧光纳米农药。与商业制剂相比,制备的纳米药剂具有良好的水分散性、出色的储存稳定性和更强的润湿性。通过胰蛋白酶引起的蛋白质降解,可以实现农药的控制释放。该药物对小菜蛾具有很好的防治效果,可与商业乳油制剂媲美。由于其成分环保且不含有机溶剂,该纳米农药制剂在可持续植物保护方面具有广阔的应用前景[4]。利用聚乙烯吡咯烷酮,在旋转填充床中通过超重力反溶剂沉淀连续合成具有相对较小尺寸和增强性能的阿维菌素纳米颗粒。形成的纳米颗粒具有很好的紫外线稳定性和润湿性,对小菜蛾具有很好的杀虫活性,同时对非靶标生物具有较高的生物安全性。此外,利用功能化氮化硼纳米片以及羧甲基纤维素和松香为原料负载阿维菌素,该型纳米生物农药可在碱性条件下释放,并且具有良好的紫外线稳定性,可提高对小菜蛾的防控效果，且对非靶标生物具有很高的生物安全性[5]。利用聚 ε-己内酯为载体负载印楝素，经喷雾干燥得到纳米颗粒，可提高提取物的紫外线稳定性和水分散性，并提高对小菜蛾的杀虫活性。通过将多杀菌素与甘草酸作为有吸引力的构建单元相结合，采用超分子共组装策略来精心设计农药制剂，同时具有高沉积、pH 响应控释、环境友好以及高效的杀小菜蛾活性。此外，制剂本身的纳米化也是一个重要的生产纳米生物农药的策略。研究显示，采用湿法研磨结合正交实验设计的方法制备阿维菌素纳米悬浮剂，与乳液相比，白菜上的保留量和抗光解性能分别约为乳液的 1.5 倍和 1.6 倍，对小菜蛾的生物活性约为传统制剂的 2 倍[6]。

（2）防控桃蚜　桃蚜（*Myzus persicae* Sulzer）是桃、烟草、油菜、芝麻、十字花科蔬菜、中草药和温室植物的害虫，常造成卷叶和减产，可传播马铃薯卷叶病和甜菜黄花网病等上百种植物病毒病。针对桃蚜的危害，研究者利用星形聚合物包封 dsRNA，形成的纳米粒子可提高其在植物体内的传导以及对绿色桃蚜的防控作用。利用星形聚合物包裹阿维菌素，可提高阿维菌素在作物叶片表面的保留量，促进药剂在作物体内的传导，并提高药物对蚜虫体表以及肠道的穿透效率，具有很高的田间应用价值。由聚多巴胺功能化的埃洛石纳米管作为光热纳米载体包裹阿维菌素，结合月桂酸光敏剂，使得纳米制剂具有显著的光诱导释放活性，同时具有良好的抗雨水冲刷能力，可提高药物对桃蚜的防控效果。针对桃蚜温度响应危害特点，研究者开发了阿维菌素和季铵壳聚糖表面活性剂纳米胶囊的智能配方，该配方具有按需控释特性，可在高温环境下释放药物，并能最大限度地发挥阿维菌素和季铵壳聚糖的协同生物活性。并且该颗粒在叶片表面具有很强的黏附性，可提高药物的利用效率和桃蚜防控效果。通过 β-环糊精修饰的阿维菌素负载型中空介孔二氧化硅纳米粒子上封装聚多巴胺，开发了一种 α-淀粉酶响应型控释制剂，可提高药剂的耐雨水冲刷性，提高药物的酶响应释放，增强对蚜虫的防控效果[7]。以乳清蛋白分离物为纳米载体基质，通过纳米乳化和冷冻干燥工艺生产出来，包封了从楝树种子中提取的天然杀虫化合物——偶氮楝素。该纳米颗粒可提高药物在蚜虫体内的分布，提高药物的紫外辐射稳定性，提高杀虫效果。

（3）防控斜纹夜蛾　斜纹夜蛾（*Spodoptera litura* Fabricius）主要以幼虫危害，幼虫食性杂、食量大，对已有农药的抗性发展较快，对农业生产危害巨大。针对斜纹夜蛾，研究者利用星形聚合物包封 dsRNA，可使 dsRNA 不被 RNA 酶和血淋巴液降解，提高对斜纹夜蛾体表的穿透性和杀虫效果。利用中空介孔二氧化硅负载阿维菌素，并以羧甲基淀粉为阀门，制备具有酶促响应的纳米制剂，该制剂具有显著的紫外辐射稳定性，可提高阿维菌素对斜纹夜蛾的防控效果[8]。

(4) 防控草地贪夜蛾　草地贪夜蛾（*Spodoptera frugiperda*）是联合国粮农组织全球预警的重大农业害虫。2020年，被中国列入《一类农作物病虫害名录》。针对草地贪夜蛾的危害，研究者利用阳离子生物聚合物（硫酸鱼精蛋白，PS）和阳离子脂质 Cellfectin（CF）试剂与 dsRNA 复合物制备了一种高效基因递送配方。制备的纳米颗粒可提高 dsRNA 的稳定性，提高对细胞的穿透性和 RNA 干扰效率，可用于高效防控草地贪夜蛾。

(5) 防控亚洲玉米螟　亚洲玉米螟（*Ostrinia furnacalis*）是我国玉米等作物的重要害虫，从黑龙江到海南各玉米产区均有发生危害。该虫危害玉米植株地上的各个部位，使受害部分丧失功能，降低籽粒产量。针对该虫危害，研究者利用星形多阳离子纳米载体的 dsRNA 递送系统实现对该虫害的抑制，从而对玉米叶片产生了良好的保护作用[9]。

(6) 防控蛴螬　蛴螬（*Holotrichia parallela*）等危害土壤根系害虫的防控难度要高于地上危害害虫。针对这一局限性，研究者利用纳米层状双氢氧化物吸收 dsRNA 分子，该纳米颗粒可被花生高效吸收传导，提高对土壤害虫蛴螬的防控效果[10]。利用阳离子聚合物包裹 dsRNA，可保护 dsRNA 分子免受环境 RNA 酶的分解，并且可提高对肠道细胞的穿透性，增加对农药不敏感草地贪夜蛾（*Spodoptera frugiperda*）以及小地老虎（*Agrotis ipsilon* Hufnagel）的防控能力[11]。此外，根据小地老虎的危害特点，制备了具有多酶响应木质素/多糖/铁纳米载体，并装载溴氰菊酯形成纳米胶囊悬浮装载系统。该纳米药剂具有显著的光稳定性，对漆酶和纤维素酶都具有响应释放活性，对小地老虎具有高效的杀虫活性，而对非靶标生物具有良好的安全性。

(7) 防控根结线虫　根结线虫是一种高度专化型的杂食性植物病原线虫，其寄主广，可危害39科130多种作物。且由于危害土壤以下部位，防治难度较大。针对根结线虫危害，研究者以木质素为载体，制备负载阿维菌素的具有酶响应释放的纳米颗粒，该颗粒对根结线虫的杀虫活性显著提高，促进药物在线虫体内以及番茄体内的传导。在此基础上，将环氧树脂与木质素结合建立具有电负性的农药纳米载体，载入了阿维菌素。纳米颗粒可保护阿维菌素不被微生物分解，提高在土壤中传导性，并且较易穿透根系和线虫，提高对根结线虫的防控效果。以软膜法一锅合成介孔二氧化硅阿维菌素纳米药剂，并通过单宁酸和铜离子的包封，形成具有酸响应释放以及抗土壤微生物分解的纳米颗粒，可提高阿维菌素在土壤中的迁移效率，增加药物的稳定性，是一种高效防控南方根结线虫（*Meloidogyne incognita*）的良好选择方案[12]。

纳米生物农药不仅可用于植物病虫的防控，还可用于治理植物病害。研究者利用层状双氢氧化物吸附 dsRNA，保护 dsRNA 不受 RNA 酶的分解，且在弱酸性雨水作用下缓慢释放 dsRNA，提高豇豆植物病毒病的防控效果。同时，该材料最终可被分解，环境友好性较好[13]。此外，利用金属纳米材料与有机纳米材料为载体所制备的纳米生物农药具有更显著的病害防控效果[14]。

## 三、防治果树害虫的纳米生物农药

水果是人类膳食中的重要组成，不但含有丰富的维生素营养，而且能够促进消化。但是，水果产业发展却受到植物病虫害的威胁。由于消费者对健康水平要求的不断提高，使用生物农药来治理果树病虫害越来越成为种植户的新选择。研究显示，通过将纳米材料与生物农药相结合，可显著提高生物农药的病虫害防控效果，是未来果树病虫害防控的主要方向。

研究显示，柑橘红蜘蛛（*Panonychus citri* McGregor）等螨类害虫是导致柑橘减产的重要原因。长期的农药使用导致柑橘红蜘蛛对拟除虫菊酯和阿维菌素等生物农药的抗性提高，主要是由这些药物对该类害虫体表穿透能力下降所导致的。针对这一问题，研究者通过将氧化石墨烯等具有高比表面积的纳米二维材料与拟除虫菊酯和阿维菌素等农药相结合。该型纳米生物农药具有良好的储藏稳定性和温度响应释放性。同时，二维材料可与叶片表面的纳米结构相嵌合，可提高药物在叶片表面的滞留量，并可通过破坏红蜘蛛的角质层，提高药物的穿透性和作用效果，起到高效防控作用。利用一种以脂质纳米颗粒为纳米载体、基于微流体的 dsRNA 纳米农药制备纳米平台，合成的纳米颗粒具有良好的润湿性和干扰效果，可降低 dsRNA 被柑橘红蜘蛛中肠酶液的分解程度，提高 RNA 干扰效率和害虫控制效果[15]。

## 四、防治其他经济作物病虫害的纳米生物农药

松墨天牛（*Monochamus alternatus*）是传播松材线虫的主要媒介，也是检疫性害虫。阿维菌素是目前防控松墨天牛的主要药剂，但是其由紫外线照射等因素导致持效期较短，且难以在松木中传导，导致其作用效果无法满足生产需求。针对这一问题，研究者合成开发了一种树枝状介孔二氧化硅，其主要通过静电物理吸附的方式吸附阿维菌素，其触杀性和胃毒性均显著高于常规乳油制剂。主要是由于该型纳米生物药剂具有良好的渗透性和黏附性，且在松树体内具有良好的吸收和穿透效果[16]。此外，为了进一步保证阿维菌素等药物的精准释放，研究者将阿维菌素包裹在由聚-γ-谷氨酸和壳聚糖组成的纳米颗粒以及由纤维素和果胶制备的纳米颗粒中，可减少药物的光解损失，并在碱性、松材线虫和松墨天牛所分泌的酶降解下快速释放阿维菌素，提高对松材线虫的

靶向防控效果。树枝状介孔二氧化硅还可吸附苦参碱，提高苦参碱在酸性条件下的稳定性，同时还具有良好的松树穿透性和传导性，可提高对天牛的防控效果。研究者还利用牛血清蛋白通过自组装将阿维菌素包裹在蛋白的油相中，形成的纳米颗粒可提高阿维菌素的水溶解性和缓释性，增加药物的光稳定性，提高对天牛幼虫的穿透性，并增加药物在树木中的传导，达到高效防控作用。

此外，针对棉花重要害虫棉铃虫（*Helicoverpa armigera* Hübner）以及茶叶重要害虫茶尺蠖（*Ectropis obliqua*）的危害，研究者利用纳米 $Mg(OH)_2$ 吸附 Bt 杀虫蛋白，可提高蛋白在棉花和茶叶叶片表面的抗冲洗能力，增加蛋白的酶解效率，增强蛋白对害虫中肠的破坏，提高对棉铃虫和茶尺蠖等害虫的防控效果[17]。

# 第二节
# 纳米生物农药在储粮保护中的应用

## 一、储粮害虫的生物防治

在粮食储藏过程中，环境和生物因素诸如温度、湿度、水分、气体、霉变以及害虫等会对粮食安全构成潜在威胁。储粮害虫尤其严重，其通常指的是那些危害储存粮食及其衍生品的昆虫，主要分布在昆虫纲的鳞翅目和鞘翅目中。这些害虫可以根据对粮食感染程度的不同被归为重要害虫、次要害虫、偶发害虫、寄生虫和捕食者。而根据它们的进食习惯，又可分为内部食客和外部食客。褐谷甲、红铃虫、谷仓象鼻虫、稻象鼻虫、小粒虫、锯齿谷甲和粉蝶是最为常见的储粮害虫，它们大多数在树皮、腐烂木材、蜂窝、鸟巢和农田等自然环境中繁衍生息，并在粮食的运输、加工和储存过程中可能迁移至其他食物来源，从而对全球食品安全构成威胁，除此之外对其他产品如纤维、皮革和木材也会造成损害。贮存结构内部的环境条件若有利于害虫的迅速繁殖，可能导致严重的经济损失。虽然磷化氢是用于控制害虫的标准熏蒸剂，但许多害虫种群已经对其表现出抗性，并且过度使用或浓度过高会产生腐蚀性进而损坏设备。并且随着消费者对无化学添加剂、毒素和农药残留食品的需求增加，寻找替代控制储粮害虫的策略变得日益迫切。

随着绿色储粮新时代要求的出现，重点采取防虫措施以确保粮食不受害虫侵害。对于少量害虫存在的粮食，应及时采取措施进行彻底清除；而对于大量害虫存在的粮食，则需要实施长期性诱捕、监测和综合防治方案。为解决害虫抗药性和药剂残留等问题，生物防治技术的研究日益增多，这些技术主要集中在昆虫激素、微生物及微生物源物质和植物及植物源物质防控等方面。

### 1. 昆虫激素

昆虫激素在害虫管理中发挥着重要作用，分为内激素和外激素两类。内激素通过调节昆虫的生长发育来实现对害虫的控制，包括脑激素、保幼激素和蜕皮激素等。昆虫内激素防治害虫与常规化学杀虫剂相比，对哺乳动物低毒和对防治对象有高度选择性，具有广泛应用前景。其中保幼激素如甲氧保幼素在控制储粮害虫方面显示出一定效果，但对低龄幼虫的控制效果有限，而且无法控制蛀蚀性害虫的子一代；几丁质合成抑制剂能有效控制已对化学杀虫剂产生抗性的储粮害虫，如米象；昆虫生长调节剂的研究表明，在合适的剂量下，对谷蠹等害虫的防治效果可达90%以上，这为利用昆虫生长调节剂控制储粮害虫提供了实践价值和研究意义[18]。

外激素，也称信息素，指由害虫个体分泌到体外的微量化学物质，能够通过影响害虫的生理和行为反应来实现对害虫的防治。外激素的应用主要包括利用性激素干扰害虫的交配、使用信息素诱捕害虫以及利用信息素引诱害虫到诱捕器内等手段。已有多种昆虫信息素被人工合成，包括米象、玉米象、谷蠹、赤拟谷盗和印度谷螟等害虫的信息素。综上，昆虫激素在害虫治理中具有广泛的应用前景，但也存在一些局限性和挑战，需要不断深入研究和探索。

### 2. 微生物及微生物源物质

储粮害虫易受到致病性细菌、真菌和病毒的感染，从而造成死亡。在这些微生物中，致病性细菌苏云金杆菌，以及致病性真菌绿僵菌和白僵菌被广泛应用于储粮害虫的防治。苏云金杆菌以其对印度谷螟、米蛾等害虫的有效控制而闻名，其杀虫机理是通过昆虫的口器进入虫体内部致病。与其他杀虫剂如硅藻土、噻虫嗪复配使用效果更佳。然而，近年来一些储粮害虫对苏云金杆菌产生抗性的情况使其使用受到了一定影响。另一方面，绿僵菌和白僵菌等真菌被广泛研究和应用于储粮害虫的防治。这些真菌制成的活体真菌杀虫剂对多种害虫具有较高的致死率，如谷蠹、米象、谷象等。此外，由于微生物源杀虫剂对哺乳动物毒性低、安全性好、选择性强、污染少、不易产生抗药性等优点，因此备受关注。甲维盐和乙基多杀菌素是目前研究的主要微生物源杀虫剂。甲维盐对锯谷盗和玉米象等害虫的抑制效果良好，而乙基多杀菌素则对玉米象、锈赤扁谷盗、谷蠹等多种害虫有较好的防治效果。因此，微生物及微生物源杀虫剂在储粮害虫防治中具有广阔的应用前景，为保障粮食安全和减少粮食损失提供了有效的手段。

### 3. 植物及植物源物质

植物及植物源物质是利用具有杀虫活性的植物及其次生代谢物防治害虫的

一种生物药剂,具有高效、低毒、低残留、不污染粮食和环境,并且害虫不易产生抗药性等优点,在储粮害虫防治中发挥着重要作用。其对害虫的有效成分主要有生物碱类、糖苷类、醌类等,通过损伤害虫神经系统、呼吸系统、生长发育、消化系统功能达到防治害虫的目的。黄樟油、八角油、肉桂油有强烈触杀及熏蒸作用且致死作用迅速,可以有效杀灭成虫并控制子代发生[18]。植物提取物,如菊花中的菊酯、辣椒中的辣椒素等,以及植物挥发物和精油,都展现出了驱虫、杀虫或驱避的功效。通过结合利用这些天然植物资源,可以有效替代传统化学农药,从而减少农药对环境的负面影响,并确保储存中粮食的质量和安全。对于农业生产和粮食储藏而言,植物及植物源物质的应用将逐渐受到更多重视和推广,为农产品质量和食品安全提供更可持续的解决方案。

## 二、纳米生物农药在储粮中的缓释系统

使用纳米农药保护作物和(或)储存产品的主要好处是减少了农药的使用量,通过提高农药性能、加强有效成分的稳定性、降低必要的农药剂量和节约农业投入实现良好的防治效果。纳米技术的应用将能够克服与传统农药相关的限制,具有为害虫有效防控提供新方法的巨大潜力。因此纳米技术为纳米配方的开发开辟了新的途径。这些配方被证明对害虫防治非常有效,同时对环境的残留毒性较小,有利于环境保护[19]。纳米配方由化学可调节的纳米颗粒构成(主要类型见图7-1),这些颗粒具有更大的表面积与体积比,使其能够更精准地靶向生物体[20-21]。这些纳米颗粒可设计成各种形式,例如胶囊可作为物理

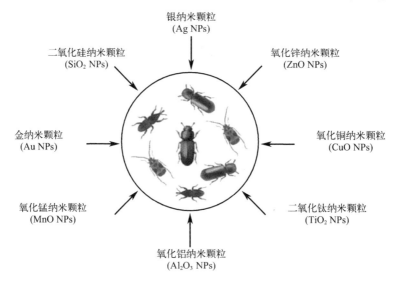

图 7-1 用于储存谷物害虫防治的纳米颗粒类型[25]

外壳，更耐受环境降解。因此，与传统杀虫剂相比，纳米颗粒提供了更持久的保护效果[22]。相较于传统的杀虫剂配方，专门设计的纳米杀虫剂配方能提高不溶性或难溶性活性成分的溶解度，并以受控且有针对性的方式释放杀虫剂[23]。由于每个区域所需的活性成分较少，纳米配方能持续输送活性成分，从而在相当长的时间内保持有效[24]。这降低了剂量需求，也降低了应用成本。

纳米技术的应用提高了农药性能，增强了有效成分的稳定性，减少了农药剂量，降低了农业投入，克服了传统农药所面临的限制。二氧化硅纳米颗粒作为传统农药的潜在替代品引起了广泛关注，其主要通过直接磨损害虫角质层或通过角质层吸附起到杀虫作用。纳米颗粒的毒性相对于化学农药更小，因此在管理储藏害虫时，纳米颗粒的使用具有明显的优势[25]。

基于纳米颗粒的害虫管理策略具有显著的优势。它能够有效减少处理储藏害虫所需的时间和资源，同时通过定制的分发方式释放活性物质。相较于传统的化学农药，纳米颗粒不易快速分解，可以被设计成间歇性地释放化学成分或响应特定的触发因素。其微小尺寸和较大的表面积与体积比使得纳米颗粒能够更有效地渗透害虫的外骨骼或内膜，从而更快速地传递强效杀虫剂或化合物，提高了害虫管理的效果和效率。纳米颗粒的调控释放机制能增加农药的持久性，从而加强长期虫害防治。采用这种有害生物管理战略有助于支持环境的可持续性。与化学农药不同，纳米颗粒配方在活性成分完成作用后能降解为无害代谢物，减少了环境污染的可能[26]。

化学农药可能随着时间而失效，导致需使用更高剂量或不同的化学品，而利用纳米颗粒的各种作用模式有助于减少害虫获得抗性的可能[27]。纳米杀虫剂可采用多种配方类型，例如乳液、纳米胶囊和含有纳米黏土等纳米颗粒的产品，带来更高的覆盖率、稳定性和传统效率。研究表明氧化铝制备的纳米铝粉尘能提高储存害虫死亡率，而聚乙二醇/β-氯氟氰菊酯纳米制剂则显示出杀虫活性，验证了纳米颗粒在害虫管理中的潜力[28]。而且通过靶向递送和控制释放纳米颗粒包裹的杀虫剂，还能降低害虫接受亚致死剂量农药的可能性[29]。此外，纳米颗粒技术还可以引入其他生物活性物质或生物害虫防治剂（例如昆虫病原真菌或线虫），可有效减少储藏害虫数量，且对人类和有益生物无毒[30]。

纳米颗粒技术促进了新型天然农药的开发，提供了对抗特定农业害虫的有效活性化合物的全新途径。纳米生物农药的优势包括对目标特异性增强、低环境污染、不干扰生态食物链、增加土壤养分、减少农药使用量以及不易导致害虫对其产生抗药性。纳米农药的使用预期将带来多种益处，如延长生物农药的寿命和有效性、扩大其应用范围以及提高效率等。通过纳米颗粒技术，可以在农业领域推动更全面、平衡的虫害防治方法,且不会对环境造成负面影响。

### 三、储粮保护中的纳米技术应用案例

最早的纳米杀虫剂研究可以追溯到20世纪90年代末、21世纪初。此后20年中,研究人员开始使用各种纳米颗粒进行实验,结合常规杀虫剂和具有杀虫能力的生物活性物质。这些研究致力于增加低水溶性、减少挥发、增强稳定性,并实现生物活性物质的逐渐释放。

Lai等将艾蒿精油包裹在固体脂质纳米粒(SLN)中,48h后蒸发率为45.5%,而未包裹精油的蒸发率为80%,这表明纳米颗粒能有效减缓精油的挥发速度,增强其在环境中的持久性,进而提高其杀虫效果[31]。Yang等将聚乙二醇(PEG)和大蒜精油结合用于处理水稻,在经过5个月存储后,使用纳米颗粒制剂的死亡率为80%,而仅使用精油的死亡率仅为11%[32]。这表明将活性物质与纳米颗粒结合能够提高杀虫剂的效果,降低对环境和人类的潜在危害。Choupanian等人的研究表明,印楝油纳米乳液配方对稻象和栗象成虫具有很高的致死率,分别为85%~100%和74%~100%[33]。樟脑精油纳米乳液、长叶薄荷精油纳米乳液、茴香精油纳米乳液以及桉树精油纳米乳液都展示了对不同昆虫的杀虫效果。

Jenne等的研究进一步探讨了将印楝油装载到氧化锌或壳聚糖纳米颗粒上的效果[34]。在花生存储环境中,印楝油与富含氧化锌纳米颗粒的苦楝子仁精华结合后,花生象甲的体重减轻了54.61%。这一效果比其他配方更为显著,验证了纳米颗粒作为载体可以提高杀虫剂的效果,增强其稳定性和持久性。

以上研究结果显示,将活性物质与纳米颗粒结合是一种有效的方法,可以克服杀虫剂挥发性问题,提高其稳定性和持久性,进而增强其杀虫效果。这些研究为纳米颗粒在杀虫剂应用中的发展提供了思路。

## 第三节
# 纳米生物农药在非农业领域的应用

### 一、公共卫生害虫的控制

埃及伊蚊(*Aedes aegypti*)是节肢动物门昆虫纲双翅目蚊科伊蚊属的昆虫,起源于非洲,主要存在于热带森林地区,于19世纪末传入亚洲。近年来,它在中国的分布仅限于海南、广东、福建、云南和台湾等地[35]。埃及伊蚊是

城市型黄热、登革热和登革出血热、基肯贡雅、立谷热等虫媒病毒的重要媒介。能通过刺叮传播东马脑炎、西马脑炎、委内瑞拉马脑炎等人畜疾病。因此埃及伊蚊被公认为最危险的蚊种之一。

媒介蚊虫的化学防治是综合防治的主要举措之一，自研发使用以来主要有五大类杀虫剂，包括有机氯、有机磷、氨基甲酸酯、拟除虫菊酯和昆虫生长调节剂。其中，拟除虫菊酯类杀虫剂由于其低毒、高效和环保的特点远远超过了其他类杀虫剂的使用。然而，由于这些杀虫剂的长期和广泛使用，蚊虫抗药性不断增强，同时也产生对非目标生物和环境安全产生威胁的相关问题[36]。从植物中分离出的精油（EO）是一种复杂的化合物，具有疏水性和挥发性以及低分子量的精油对农业和公共卫生害虫具有广泛的生物作用，同时对环境和非目标生物具有安全性[37]。这使得精油成为"低风险农药"的候选，用以替代或减少化学杀虫剂的使用。然而，精油快速挥发和易降解的特性是其应用面临的一个障碍。研究发现将阿育魏果实的精油制备成纳米乳液（NEs），同时制备出百里香酚 NEs 用来防治埃及伊蚊，结果表明，精油 NEs 和百里香酚 NEs 对埃及伊蚊具有较强的生物活性，百里香酚 NEs 的 $LC_{50}$ 为 34.89mg/L，精油 NEs 的 $LC_{50}$ 为 46.73mg/L。暴露于含有精油和百里香酚的 NEs 可引起幼虫角质层收缩，抑制乙酰胆碱酯酶（AChE）活性[38]。Abreu 等利用壳聚糖与腰果树胶作为载体，制备了立比草精油纳米凝胶系统，提高了对埃及伊蚊 3 龄幼虫的杀灭效果。其中，胶∶壳聚糖＝1∶1 和胶∶壳聚糖＝1∶10 样品作用 48h 后埃及伊蚊的死亡率分别为 87% 和 75%，在 72h 时的死亡率达到 90% 以上[39]。这些结果表明，胶-壳聚糖纳米颗粒对埃及伊蚊具有良好的防治效果，并具有缓释特性。

淡色库蚊是尖音库蚊复合组的一个亚种，分布在我国 33°N 以北的城郊区，是当地的主要家栖蚊种。作为优势蚊种，淡色库蚊是我国淋巴丝虫病和流行性乙型脑炎（乙脑）的主要传播媒介。在实验室环境中，淡色库蚊可以传播西尼罗病毒，对人类的健康造成了严重的威胁。因此，化学防治仍然是防控淡色库蚊的主要手段。因此，针对淡色库蚊对拟除虫菊酯类和有机磷类杀虫剂抗性水平普遍升高的现状，合理地选择敏感性高的化学杀虫剂进行科学配伍和交替使用显得尤为重要[40]。

Samia 等以薄荷精油与叶温 80 制备高稳定性的薄荷精油纳米乳。薄荷纳米制剂对淡色库蚊（$LC_{50}=43.57\mu g/mL$）和家蝇（$LC_{50}=72.35\mu g/mL$）的杀幼虫活性均高于普通精油。纳米制剂对淡色库蚊和家蝇的防效分别提高了 71.46% 和 52.0%[41]。薄荷精油纳米乳无添加溶剂，可溶于水，有效、安全、环保，可以作为一种可能的产品开发新型控释胶囊。

## 二、纳米生物农药在生物安全中的应用

纳米技术和新的纳米材料在农业的前沿越来越受欢迎，其中有许多研究集中在纳米配方杀虫剂的开发上，并且在全球市场上有更多的商业产品。尽管几家农用化学品公司（如先正达、拜耳、孟山都、巴斯夫和陶氏农业科学）已经开发了大量的纳米农药专利，但除了纳米乳液之外，进入市场的纳米农药种类仍然很少。与现有的常规化学农药竞争，新的纳米配方必须具有优异的控制性能和经济可行性，因此，选择无毒、具生物相容性和易于降解的纳米材料作为载体对于纳米制剂的发展非常重要，并且有必要通过开发更稳定、更安全的生物农药纳米制剂来加强纳米技术在农业中的应用。绿色合成具有持久杀虫和抗菌作用的稳定的纳米生物农药具有广阔的前景。利用各种纳米封装技术将生物杀灭精油、酶、植物提取物或生物提取物制成纳米级制剂，是一种明智的选择。然而，纳米生物农药制剂的环境命运也应引起研究人员的关注。尽管这些制剂与传统生物农药相比具有较多益处，研究人员必须考虑纳米材料在不同作物中潜在的毒性和对植物代谢活性的影响[42]。

阿维菌素（AVM）是一种广泛应用于农牧业的生物农药，是由生活在土壤中的放线菌阿维链霉菌发酵产生的一类大环内酯，具有高效、低毒、高选择性的特点。然而，AVM 水溶性差，极易受到紫外线和酸碱条件的影响，导致其过早降解失活。Liu 等以金属-有机框架 PCN-777 为载体，以木质素磺酸钠（SL）和壳聚糖为原料负载 AVM，用于制备双门控纳米农药。此系统具有良好的密封性能，可防止 AVM 过早泄漏。基于双门控 PCN-777 的纳米农药能对 pH、漆酶、磷酸盐和植酸等与害虫和作物生理环境有关的因素实现 AVM 的控释，并且对白菜害虫斜纹夜蛾（*Spodoptera litura* Fabricius）的杀虫效果和田间防治效果优于传统农药配方，更重要的是对植物生长无影响，对非靶生物和人体细胞具有较高的生物安全性[43]。

## 三、纳米生物技术在环境保护中的应用

由于工业化进程不断加快，重金属离子和持久性有机污染物的排放已经演变成一个全球性的环境问题。这些重金属通过食物链和在自然界中的物质循环逐渐在人体中积累，对神经系统、生殖系统和心血管系统造成严重损害，并有可能引发癌症、畸形，甚至死亡。此外，重金属对植物生长同样具有负面影响，包括抑制种子发芽、增加抗氧化酶的活性以及破坏细胞结构等。目前，去除水中重金属的主要技术包括离子交换、化学沉淀、电化学处理、光催化、膜分离以及吸附等方法。在这些方法中，吸附法因其环境友好性、操作简便和成

本效益高而受到特别青睐。

生物炭源自木质纤维素材料，是通过热化学转化过程生成的碳质衍生物。纳米级尺寸的生物炭，即纳米生物炭（BC），相较于其宏观形态，展现出更好的稳定性、独特的纳米级微观结构、更高效的催化活性、更大的比表面积、更多的孔隙、更多种的表面功能性以及更多的表面活性位点（表面活性位点数量的增加，提高了其反应效率）。这一系列特性使纳米生物炭在环境修复、能量存储和医疗应用中具有潜在的应用价值。Yue 等利用稻壳制备出纳米生物碳，研究了在不同温度（300～600℃）下制备的纳米生物炭对减轻镉（$Cd^{2+}$）对水稻植物毒性的影响，同时从生化变化和镉吸收的角度进行了探讨。高温制备的纳米生物炭对降低 $Cd^{2+}$ 的植物毒性更为有效。纳米生物炭（尤其是高温制备）在提高水稻抗氧化酶活性［如超氧化物歧化酶（SOD）、过氧化物酶（POD）和过氧化氢酶（CAT）］和可溶性蛋白含量方面效果更为显著。研究指出，纳米生物炭能有效降低 $Cd^{2+}$ 的吸收和减少其对植物的毒性[44]。

纤维素纳米材料因其在地壳中的丰富性、低环境影响、可持续性、生物可降解性和可再生性等特性，被视为一种具有潜力的环保材料。作为纳米生物材料的一部分，纤维素纳米材料以其高比表面积和对重金属离子的吸附能力而备受青睐，这使得它们在废水处理中，尤其是在作为膜技术中的吸附剂和填充材料时，显示出较高的应用价值。这些特性不仅促进了环境的可持续性，也为废水净化提供了一种高效且环境友好的解决方案。例如，Goswamis 以甘蔗渣为原料，采用酸水解-脱木质素工艺提取纳米纤维素，制备了壳聚糖-纳米纤维素复合膜，此复合膜具有较小的接触角，这种亲水的行为赋予其较高的 $Cd^{2+}$ 去除能力[45]。

# 参考文献

[1] Zhang Y, Liu B, Huang K, et al. Eco-friendly castor oil-based delivery system with sustained pesticide release and enhanced retention[J]. ACS Applied Materials & Interfaces, 2020, 12(33): 37607-37618.

[2] Wang K, Peng Y, Chen J, et al. Comparison of efficacy of RNAi mediated by various nanoparticles in the rice striped stem borer (*Chilo suppressalis*)[J]. Pesticide Biochemistry and Physiology, 2020, 165, 104467.

[3] Hafeez R, Guo J, Ahmed T, et al. Bio-formulated chitosan nanoparticles enhance disease resistance against rice blast by physiomorphic, transcriptional, and microbiome modulation of rice (*Oryza sativa* L.)[J]. Carbohydrate Polymers, 2024, 334: 122023.

[4] Ma E, Fu Z, Chen K, et al. Smart protein-based fluorescent nanoparticles prepared by a continuous nanoprecipitation method for pesticides' precise delivery and tracing[J]. Journal of Agricultural and Food Chemistry, 2023, 71(22): 8391-8399.

[5] Hao L, Gong L, Chen L, et al. Composite pesticide nanocarriers involving functionalized boron nitride nanoplatelets for pH-responsive release and enhanced UV stability[J]. Chemical Engineering Journal, 2020, 396: 125233.

[6] Cui B, Lv Y, Gao F, et al. Improving abamectin bioavailability via nanosuspension constructed by wet milling technique[J]. Pest Management Science, 2019, 75(10): 2756-2764.

[7] Li J, Li D, Zhang Z, et al. Smart and sustainable crop protection: Design and evaluation of a novel α-amylase-responsive nanopesticide for effective pest control[J]. Journal of Agricultural and Food Chemistry, 2024, 72(21): 12146-12155.

[8] Yang L, Lin Y, Tan Y, et al. Pest invasion-responsive hollow mesoporous silica-linked carboxymethyl starch nanoparticles for smart abamectin delivery[J]. ACS Applied Nano Materials, 2022, 5(3): 3458-3469.

[9] Zhao J, Yan S, Li M, et al. NPFR regulates the synthesis and metabolism of lipids and glycogen via AMPK: Novel targets for efficient corn borer management[J]. International Journal of Biological Macromolecules, 2023, 247: 125816.

[10] Jiang L, Wang Q, Kang Z H, et al. Novel environmentally friendly RNAi biopesticides: Targeting V-ATPase in *Holotrichia parallela* larvae using layered double hydroxide nanocomplexes[J]. Journal of Agricultural and Food Chemistry, 2024, 72(20): 11381-11391.

[11] Parsons K H, Mondal M H, McCormick C L, et al. Guanidinium-functionalized interpolyelectrolyte complexes enabling RNAi in resistant insect pests[J]. Biomacromolecules, 2018, 19(4): 1111-1117.

[12] Zhou Z, Gao Y, Chen X, et al. One-pot facile synthesis of double-shelled mesoporous silica microcapsules with an improved soft-template method for sustainable pest management[J]. ACS Applied Materials & Interfaces, 2021, 13(33): 39066-39075.

[13] Mitter N, Worrall E A, Robinson K E, et al. Clay nanosheets for topical delivery of RNAi for sustained protection against plant viruses[J]. Nature Plants, 2017, 3: 16207.

[14] Liang W, Cheng J, Zhang J, et al. pH-responsive on-demand alkaloids release from core-shell ZnO@ZIF-8 nanosphere for synergistic control of bacterial wilt disease[J]. ACS Nano, 2022, 16(2): 2762-2773.

[15] Xie J, Zhang J, Yang J, et al. Microfluidic-based dsRNA delivery nanoplatform for efficient *Spodoptera exigua* control[J]. Journal of Agricultural and Food Chemistry, 2024, 72(22): 12508-12515.

[16] Ma Y, Yu M, Sun Z, et al. Biomass-based, dual enzyme-responsive nanopesticides: Eco-friendly and efficient control of pine wood nematode disease[J]. ACS Nano, 2024,

18(21): 13781-13793.

[17] Pan X, Cao F, Guo X, et al. Development of a safe and effective *Bacillus thuringiensis*-based nanobiopesticide for controlling tea pests[J]. Journal of Agricultural and Food Chemistry, 2024, 72(14): 7807-7817.

[18] 任剑豪,吴卫国,宗平,等. 储粮害虫生物防治技术研究进展[J]. 粮油食品科技, 2020, 28(6): 218-222.

[19] Yadav J, Jasrotia P, Kashyap P L, et al. Nanopesticides: current status and scope for their application in agriculture[J]. Plant Protection Science, 2021, 58(1): 1-17.

[20] Mustafa I F, Hussein M Z. Synthesis and technology of nanoemulsion-based pesticide formulation[J]. Nanomaterials, 2020, 10(8): 1608.

[21] Sahoo M, Vishwakarma S, Panigrahi C, et al. Nanotechnology: Current applications and future scope in food[J]. Food Frontiers, 2020, 1(3): 1-20.

[22] Sushil A, Kamla M, Nisha K, et al. Nano-enabled pesticides in agriculture: Budding opportunities and challenges[J]. Journal of Nanoscience and Nanotechnology, 2021, 21(6): 3337-3350.

[23] Garg D, Payasi D K. Nanomaterials in agricultural research: An overview[J]. Environmental Nanotechnology, 2020, 3: 243-275.

[24] Singh A, Dhiman N, Kar A K, et al. Advances in controlled release pesticide formulations: Prospects to safer integrated pest management and sustainable agriculture[J]. Journal of Hazardous Materials, 2020, 385: 121525.

[25] Malaikozhundan B, Vinodhini J, Vaseeharan B. Nanopesticides for the management of insect pests of stored grains[C]. Nanotechnology for Agriculture: Crop Production & Protection, Springer, Singapore. 2019, 303-322.

[26] Malaikozhundan B, Vinodhini J. Biological control of the Pulse beetle, *Callosobruchus maculatus* in stored grains using the entomopathogenic bacteria, *Bacillus thuringiensis*[J]. Microbial Pathogenesis, 2018, 114: 139-146.

[27] Malaikozhundan B, Vaseeharan B, Vijayakumar S, et al. *Bacillus thuringiensis* coated zinc oxide nanoparticle and its biopesticidal effects on the pulse beetle, *Callosobruchus maculatus*[J]. Journal of Photochemistry and Photobiology B: Biology, 2017, 174: 306-314.

[28] Loha K M, Shakil N A, Kumar J, et al. Bio-efficacy evaluation of nanoformulations of $\beta$-cyfluthrin against *Callosobruchus maculatus* (Coleoptera: Bruchidae)[J]. Journal of Environmental Science and Health, Part B, 2012, 47(7): 687-691.

[29] Wang D, Saleh N B, Byro A, et al. Nano-enabled pesticides for sustainable agriculture and global food security[J]. Nature Nanotechnology, 2022, 17(4): 347-360.

[30] An C, Sun C, Li N, et al. Nanomaterials and nanotechnology for the delivery of agrochemicals: Strategies towards sustainable agriculture[J]. Journal of Nanobiotechnology, 2022, 20(1): 11.

[31] Lai F, Wissing S A, Müller R H, et al. *Artemisia arborescens* essential oil-loaded solid lipid nanoparticles for potential agricultural application: Preparation and characterization [J]. AAPS PharmSciTech, 2006, 7(1), E2.

[32] Yang F L, Li X G, Zhu F, et al. Structural characterization of nanoparticles loaded with garlic essential oil and their insecticidal activity against *Tribolium castaneum* Herbst (Coleoptera: Tenebrionidae)[J]. Journal of Agricultural and Food Chemistry, 2009, 57 (21): 10156-10162.

[33] Choupanian M M, Omar D D, Basri M M, et al. Preparation and characterization of neem oil nanoemulsion formulations against *Sitophilus oryzae* and *Tribolium castaneum* adults[J]. Journal of Pesticide Science, 2017, 42(4): 158-165.

[34] Jenne M, Kambham M, Tollamadugu N V K V P, et al. The use of slow releasing nanoparticle encapsulated azadirachtin formulations for the management of *Caryedon serratus* O. (groundnut bruchid)[J]. IET Nanobiotechnology, 2018, 12(7): 963-967.

[35] 谢晖, 周红宁, 杨亚明. 我国登革热重要媒介埃及伊蚊的研究进展[J]. 中国媒介生物学及控制杂志, 2011, 22(2): 4.

[36] 李志强, 钟俊鸿. 登革热媒介昆虫抗药性的研究进展[J]. 昆虫知识, 2008 (6): 857-862.

[37] Benelli G. Plant-borne compounds and nanoparticles: Challenges for medicine, parasitology and entomology[J]. Environmental Science and Pollution Research International, 2018, 25(11): 10149-10150.

[38] Subaharan K, Senthamarai Selvan P, Subramanya T M, et al. Ultrasound-assisted nanoemulsion of *Trachyspermum ammi* essential oil and its constituent thymol on toxicity and biochemical aspect of *Aedes aegypti*[J]. Environmental Science and Pollution Research International, 2022, 29(47): 71326-71337.

[39] Abreu F O, Oliveira E F, Paula H C, et al. Chitosan/cashew gum nanogels for essential oil encapsulation[J]. Carbohydrate Polymers, 2012, 89(4): 1277-1282.

[40] 赵志刚, 王学军, 付颖, 等. 2015年山东省部分地区蚊类种群密度及淡色库蚊抗药性研究[J]. 现代预防医学, 2016, 43(20): 3680-3683.

[41] Mohafrash S M M, Fallatah S A, Farag S M, et al. Mentha spicata essential oil nanoformulation and its larvicidal application against *Culex pipiens* and *Musca domestica*[J]. Industrial Crops and Products, 2020, (157): 112944.

[42] Pan X H, Guo X P, Zhai T Y, et al. Nanobiopesticides in sustainable agriculture: Developments, challenges, and perspective[J]. Environmental Science: Nano, 2023, 10: 41-61.

[43] Liu J C, Xu D J, Xu G C, et al. Smart controlled-release avermectin nanopesticides based on metal-organic frameworks with large pores for enhanced insecticidal efficacy [J]. Chemical Engineering Journal, 2023, 475: 146312.

[44] Yue L, Lian F, Han Y, et al. The effect of biochar nanoparticles on rice plant growth

and the uptake of heavy metals: Implications for agronomic benefits and potential risk [J]. The Science of the Total Environment,2019,656:9-18.

[45] Goswami R,Mishra A,Bhatt N,et al. Potential of chitosan/nanocellulose based composite membrane for the removal of heavy metal (chromium ion)[J]. Materials Today: Proceedings,2021,46:10954-10959.

CHAPTER 08

# 第八章
# 纳米技术在 Bt 生物农药中的应用实例

第一节　纳米 Bt 生物防治茶叶害虫应用实例
第二节　纳米材料提高 Bt 生物农药抗紫外性能应用实例
第三节　纳米材料提高 Bt 生物农药在叶片抗冲洗能力的应用实例

# 第一节
# 纳米 Bt 生物防治茶叶害虫应用实例

## 一、茶园主要虫害

茶树（*Camellia sinensis*）是山茶科山茶属木本植物，性喜温热湿润和偏酸性的土壤，耐阴，在亚热带、边缘热带和季风温暖带均有分布。其起源于我国西南地区，多为多年生灌木或小乔木。我国是世界上最早发现和饮用茶的国家，至今已有 2000 多年的历史。茶叶是世界三大无酒精饮品（茶叶、咖啡、可可）之一，也是我国重要经济作物之一。我国不仅是全球第一大茶叶生产国、全球第一大茶叶种植国，还是全球茶叶主要出口国。2023 年我国茶园面积达 5149.76 万亩，全球排名第一。根据《2023 年中国茶叶产销趋势报告》可知，2023 年我国茶叶出口量为 36.75 万吨，出口额为 17.39 亿美元。我国有着全球最多的饮茶人口，喝茶和品茶已成为我国国民日常生活中不可或缺的一部分。

然而，茶树的不科学种植和扩植，容易引起病虫害的发生。再加上其主要种植于湿润的山区地带，湿润气候进一步加剧了病虫害的发生，进而影响茶叶品质。全世界茶树害虫有 1000 余种，中国有 840 多种，其中常见的约 50~60 种，以鳞翅目蛾类和同翅目蚧类为主，其中以茶尺蠖（*Ectropis obliqua*）、茶毛虫（*Euproctis pseudoconspersa*）和假眼小绿叶蝉（*Empoasca vitis*）危害最为严重。茶尺蠖属鳞翅目尺蛾科，又称拱拱虫、吊丝虫、拱背虫和量尺虫等，被认为是中国茶叶最具破坏性的昆虫害虫之一，导致茶叶产量和品质损失超过 60%。其繁殖速度快，发生代数多，一年发生 5~6 代，有时甚至发生 7 代，很容易暴发成灾。其 1 龄、2 龄幼虫主要取食茶树嫩叶或老叶表皮或叶边缘，使叶片呈花斑状；3 龄幼虫开始啃食叶片，使叶片呈"C"形；4 龄期后进入暴食期，大量啃食嫩叶、老叶甚至嫩茎和树皮，大暴发时常将整片茶园啃食一光，仅留秃枝，导致茶叶大量减产，甚至无产，导致茶树长势衰弱，抗寒性变差，易受冻害，进而影响茶叶产量和品质。茶毛虫又称摆头虫和茶辣子，属于鳞翅目毒蛾科，一般一年发生 2 代，部分地区发生 2~3 代，有的甚至 4~5 代，无世代重叠现象，容易暴发成灾。幼虫主要取食老叶使其呈半透膜，严重时将叶片取食殆尽，甚至取食树皮、花和果实。幼虫虫体有毒毛和毒鳞，人体皮肤触及会红肿痛痒。当前可以通过物理、化学和生物方法控制茶尺蠖的种群。然而，过度使用化学农药会导致"3R"问题的出现。目前，生物防治茶尺蠖已成为首选方法，其中苏云金杆菌（Bt）是用于害虫生物防治最广泛使用的生物杀虫剂。

## 二、纳米氢氧化镁装载系统与 Bt Cry 蛋白传递系统开发思路

革兰氏阳性细菌 Bt 是生物防治害虫最有效和广泛使用的生物杀虫剂之一，占微生物生物农药市场的 75%～95%。通常，Bt 可以从不同类型的生态系统中分离出来，如土壤、水体、死亡昆虫和叶片。在孢子形成期，Bt 产生具有高杀虫活性的 Cry 蛋白，对鳞翅目、鞘翅目、双翅目昆虫和线虫都有作用。当昆虫摄取 Cry 蛋白后，可以被中肠蛋白酶水解成活性毒素，然后与中肠细胞的膜受体结合，引起膜孔形成，导致昆虫死亡。然而，Bt Cry 蛋白稳定性差。Bt 在农业中的使用因其对恶劣环境条件的不耐受而受到极大限制，导致防治效果不佳，无法满足生物控制害虫的需求。因此，提高有效成分的利用率和控制其损失是提高 Bt 制剂防治效果的关键。

大多数纳米材料表现出小尺寸效应、高比表面积、强电性质和超强的吸附能力，它们可以增强杀虫剂稳定性、提高利用率，并控制农药的损失。在 Bt 生物杀虫剂中引入纳米技术，将 Bt 的活性成分（如 Cry 蛋白或几丁质酶）通过纳米材料传递，可以提高其生物活性，制备更有效、稳定和环保的 Bt 配方。镁是保证许多酶活性和组织结构稳定最重要的营养素之一，在光合作用中发挥着关键作用。缺镁会导致植物生长不良，可能会严重影响作物产量。纳米氢氧化镁是一种低成本、无毒的材料，被认为是一种环保的纳米材料，被广泛用作绿色吸附剂和抗菌剂。已有研究表明，纳米氢氧化镁可以改善种子发芽和生长，显著增加茎高和根长。用纳米 $Mg(OH)_2$ 处理的叶片和根部含有更多的镁，而且纳米 $Mg(OH)_2$ 可以用作高效的 Bt 载体，提高抗紫外线能力和增强 Bt Cry 蛋白的持久性。这些研究表明，纳米氢氧化镁可以用作可持续农业中的生物相容性和成本效益高的纳米载体。然而，纳米 $Mg(OH)_2$ 在植物中的摄取和运输机制以及纳米产品对非靶标生物的安全性仍不清楚。

因此，通过使用纳米 $Mg(OH)_2$ 装载系统，开发一种有效且稳定的 Bt Cry 蛋白传递系统以控制鳞翅目害虫具有重要意义。本书将评估构建纳米 Bt 生物农药的协同杀虫机制，及纳米 $Mg(OH)_2$ 提高 Bt 生物活性，并通过蛋白水解实验和对中肠组织造成的损害实验探讨可能的杀虫机制。此外，确定纳米 $Mg(OH)_2$ 和纳米复合材料在茶叶表面的黏附能力，监测纳米 $Mg(OH)_2$ 在茶树中的摄取和运输，并评估纳米产品对非靶标生物的生物安全性。以期全面揭示纳米复合材料-害虫-植物的互作机制，以及纳米氢氧化镁作为有效纳米载体

传递 Bt Cry 蛋白用以控制茶园害虫的可能。

### 1. Cry1Ac 蛋白、纳米 Mg(OH)$_2$ 和 Cry1Ac-Mg(OH)$_2$ 复合材料的制备

（1）Bt Cry1Ac 蛋白的制备　苏云金杆菌（Bt HD-73）从福建农林大学生物农药与化学生物学教育部重点实验室获得。Bt HD-73 的 Cry1Ac 蛋白制备流程为：取 BtHD-73 甘油菌接种到固体 LB 培养基上，放置在 30℃ 培养箱培养大约 10h 产生单斑，将单斑挑于 5mL 液体 LB 培养基中，放置摇床中 30℃、250r/min 震荡 12h。加入 100μL 活化菌液到固体 1/2 LB 培养基中，将菌液用涂布棒（灭菌）均匀涂开，放置在 30℃ 培养箱，培养大约 46h。复红染色液染色观察蛋白释放情况，约 90% 左右的 Bt 菌体释放出晶体和芽孢时结束培养，开始收集蛋白。用无菌玻璃片小心收集培养基表面菌体。将菌体收集到 50mL 离心管（灭菌）中，4℃，8000r/min，离心 10min，去除上清。预冷灭菌蒸馏水洗涤沉淀，4℃，8000r/min，离心 10min，去除上清，重复 3 次。预冷 1mol/L NaCl 溶液洗涤沉淀，4℃，8000r/min，离心 10min，去除上清，重复 2 次。用预冷的裂解液分散收集的沉淀，冰上裂解 4h。4℃，9500r/min，离心 20min，留取上清，得到溶解的蛋白。上清中加入预冷的 4mol/L NaAc HAc 缓冲液（pH 4.5），100mL 上清液加入 7mL 缓冲液，并加入预冷的无水乙酸调节 pH 至 4.5，冰上静置 1h。4℃，9500r/min，离心 10min，去除上清。预冷的灭菌蒸馏水洗涤沉淀，4℃，9500r/min，离心 10min，去除上清，重复 3 次。用预冷的 50mmol/L Na$_2$CO$_3$ 溶液（pH 9.5）溶解沉淀，将溶解液分装，置于 −80℃ 冰箱保存备用。

（2）纳米 Mg(OH)$_2$ 的合成　利用水热法合成纳米 Mg(OH)$_2$，其制备步骤为：取蒸馏水 600mL 加入 1000mL 烧杯中，磁力搅拌，升温到 80℃。取轻质 MgO 2g 缓慢加入快速搅拌的 80℃ 蒸馏水中，磁力搅拌 24h。静置 4h，将反应液置于 25℃ 下，9500r/min，高速离心 10min 收集产物，并用蒸馏水洗涤 2 次，得到白色沉淀物。将白色沉淀物在鼓风干燥箱中 80℃ 烘干 12h，用玛瑙研钵研磨，得到粒径均一的片状支撑结构 Mg(OH)$_2$ 粉末，室温干燥保存。

（3）Cry1Ac-Mg(OH)$_2$ 蛋白复配物的制备　称取 0.01g nm Mg(OH)$_2$ 加入 1mL Bt Cry1Ac 蛋白（1.33mg/mL）中。在 4℃ 条件下，用标准旋转混合仪上下混合旋转 90min，得到白色悬浮液。4℃，12000g 离心 10min，得到白色沉淀即为 Cry1Ac-Mg(OH)$_2$ 蛋白复配物。冷冻干燥，室温保存。

（4）Bt Cry1Ac 蛋白浓度测定　以 Bradford 法测定 Bt Cry1Ac 蛋白样品的蛋白浓度，步骤为：取出 BSA 蛋白（预先分装好，避免反复冻融），加入蒸馏水将其稀释 50 倍，使其最终浓度为 0.1mg/mL。在 96 孔板酶标板内加入

0μL、6μL、12μL、24μL 和 30μL 稀释好的 BSA 蛋白,并分别加入 30μL、24μL、18μL、12μL、6μL 和 0μL 的离子水补至体积为 30μL,再取 30μL 样品稀释液于 96 孔酶标板中,每个重复 4 次。然后在每个孔中加入 150μL Bradford 显色剂(需提前取出平衡温度至室温,使用前摇晃混匀,添加时注意不要有气泡),室温显色 5min,利用酶标仪测定 $OD_{595nm}$ 的吸光度值,绘制标准曲线,计算样品蛋白浓度。此外,对上清液中的残留蛋白浓度进行 SDS-PAGE 分析,评估 Cry1Ac 蛋白在装载过程中的装载效率和稳定性。

### 2. 纳米 $Mg(OH)_2$ 和 Cry1Ac-$Mg(OH)_2$ 的表征

(1) X-射线粉末衍射分析(XRD) 取一定量合成的样品粉末制样,使用 XRD 对合成的纳米 $Mg(OH)_2$ 和 Cry1Ac-$Mg(OH)_2$ 的物相结构进行分析,使用铜靶,速率为 6°,步长为 0.017°/s,2θ 角度范围为 10°~90°。并用谢乐公式计算粒径:

$$D=\frac{K\lambda}{B\cos\theta}$$

式中,$D$ 为晶粒垂直于晶面方向的平均厚度,Å;$K$ 为 Scherrer 常数,为 0.89;$\lambda$ 为 X-射线波长,为 1.54056 Å;$B$ 为样品衍射峰半高宽度;$\theta$ 为衍射角。

(2) 红外光谱分析(FT-IR) 采用傅立叶红外光谱仪定性分析纳米 $Mg(OH)_2$ 和 Cry1Ac-$Mg(OH)_2$ 官能团组成。具体步骤为:将样品(1~2mg)与 KBr(100~200mg)在玛瑙研钵中研磨成微米级的细粉,用压片设备压制成约 1mm 厚的透明薄片。制片后在扫描台上扫描,扫描范围为 400~4000$cm^{-1}$。

(3) 扫描电镜(SEM)和能谱(EDS)分析 对样品进行常规 SEM 处理(取材清洗、固定、脱水、干燥置换、粘托固定和镀膜喷金)制样,使用 SEM 观察纳米 $Mg(OH)_2$ 和 Cry1Ac-$Mg(OH)_2$ 的表面结构及粒径大小。EDS 是测定微区元素含量并进行定量分析的重要手段之一,能快速且同时对试样中的多个元素进行定性和定量检测,且对样品损伤小。

(4) 透射电子显微镜分析(TEM) 以乙醇为溶剂,对样品超声分散处理 30min,待样品分散后制样,使用 TEM 观察纳米 $Mg(OH)_2$ 和 Cry1Ac-$Mg(OH)_2$ 的表面结构。

(5) Zeta 电位分析 将浓度为 500mg/L 样品水溶液超声分散处理 30min,待样品粒子在水中均匀分散后,使用高灵敏度 Zeta 电位及粒度分析仪测定纳米 $Mg(OH)_2$、Cry1Ac 蛋白和 Cry1Ac-$Mg(OH)_2$ 的 Zeta 电位。

(6) 动态光散射分析(DLS) 将浓度为 500mg/L 的样品水溶液进行超声处理均匀分散后,使用高灵敏度 Zeta 电位及粒度分析仪测定纳米 $Mg(OH)_2$、

Cry1Ac 蛋白和 Cry1Ac-Mg(OH)$_2$ 的水合粒径。

### 3. 生物活性测定和杀虫作用机制评估

选用在人工气候培养箱[温度（25±1）℃，湿度（75±5）%，光周期为：白天：黑夜=12h：12h]中饲养的茶尺蠖用于生物活性测定。生物测定采用人工饲料叠加法测定纳米 Mg(OH)$_2$ 对 Cry1Ac 杀虫活性的增效作用。具体步骤为：将原始 Cry1Ac-Mg(OH)$_2$ 蛋白复配物和 Bt Cry1Ac 蛋白按梯度稀释至一定的浓度。采用 5 种不同浓度（0μg/mL、1μg/mL、2μg/mL、4μg/mL 和 8μg/mL）的 Cry1Ac-Mg(OH)$_2$ 蛋白复配物，以 Cry1Ac 蛋白为对照，进行 3 个重复的生物测定。每次试验前先将预先加热的人工液体饲料（4mL）倒入 30mL 的塑料杯中，冷却后，将稀释液均匀添加到饲料表面（饲料表面面积约为 7cm$^2$），每杯分别加入 200μL 稀释液，每杯分别加入 10 头大小一致、健康的初孵茶尺蠖幼虫，每个浓度重复 3 次。生物测定在相对湿度为（75±5）%，温度为（25±1）℃，光周期（白天：黑夜）为 12h：12h 的人工气候培养箱中进行。每隔 24h 观察并记录幼虫的死亡数，直至 96h 结束。死亡标准为：用笔尖触动试虫，试虫无任何反应。

以 Cry1Ac 蛋白 72h 的 LC$_{50}$ 为标准浓度，稀释相同浓度的 Cry1Ac 溶液、Cry1Ac-Mg(OH)$_2$ 溶液和纳米 Mg(OH)$_2$ 溶液，以蒸馏水为空白对照组，具体步骤同上，测定不同处理的生物活性。

死亡率（%）＝（死亡虫数/供试总虫数）×100%。校正死亡率（%）＝（处理组死亡虫数－空白对照组死亡虫数）/（1－空白对照组死亡虫率）×100%。使用 SPSS 软件（IBM，26.0）分析数据，计算出 Cry1Ac 蛋白和 Cry1Ac-Mg(OH)$_2$ 在 72h 和 96h 的毒力回归方程和半数致死浓度 LC$_{50}$。

此外，用 5mL 的相同浓度的 Cry1Ac-Mg(OH)$_2$ 水溶液、纳米 Mg(OH)$_2$ 溶液、Cry1Ac 蛋白和蒸馏水浸泡茶叶叶片 5min，取出晾干，喂食 5 龄茶尺蠖幼虫（饥饿处理 2h），每杯 10 头，喂食 12h。对不同处理的茶尺蠖幼虫进行解剖，将其放置在冰上 20min 低温冻晕，在冰上用解剖镊（VETUS）从茶尺蠖末端开始将其外皮去除，再去除中肠周围的脂肪，去除前肠和后肠，取完整的中肠后迅速将中肠转移至 1.5mL 已灭菌的 EP 管中进行制样。具体步骤为：首先进行双固定，先用 2.5% 戊二醛 4℃固定 8h 以上，用 0.1 mol/L PBS（磷酸盐缓冲液，pH 7.0）漂洗 3 次（15min/次）；再用 1% 锇酸固定 1~2h，最后用 0.1mol/L PBS（pH 7.0）漂洗 3 次（15min/次）。然后进行脱水，用 30%、50%、70% 和 80% 的乙醇溶液和 90%、95% 的丙酮溶液对样品进行脱水处理（15min/次），再用 100% 的丙酮溶液处理 20min。再采用 100% 的丙酮和 Spurr 包埋液对样品进行包埋，在 70℃条件下对样品进行干燥。最后用超薄切片机将样品切成 70~90 nm 的切片，用柠檬酸铅与醋酸双氧铀 50%乙醇饱和溶液进行双重染色后，在预处理过的铜网上进行透射电镜拍片观察。通过 TEM 来观察用不同处理样品饲喂的茶尺蠖幼虫的中肠组织损伤情况，以及中肠内膜细胞是否发生消解。

Cry1Ac-Mg(OH)$_2$ 对茶尺蠖中肠酶解实验的步骤为：取 1.5mL 离心管称其重量记 $m_0$。取 5 龄茶尺蠖幼虫，放置于冰上 20min 使其晕厥。在体视镜下用解剖镊进行解剖获取中肠组织，后放于离心管中，此时重量记 $m_1$，中肠质量 $m = m_1 - m_0$。按中肠质量：50mmol/L Tris-HCl（pH 8.6）体积＝200mg：1mL 的比例加入 50mmol/L Tris-HCl（pH 8.6）。冰上充分研磨中肠组织至中肠酶液流出，温度 4℃，离心力 12000g，离心 10min。轻轻吸取上清，每管 50μL 分装后放于－80℃备用。

将 Cry1Ac 蛋白：胰蛋白酶＝8：1；Cry1Ac-Mg(OH)$_2$：肠液＝10：1；Cry1Ac 蛋白：肠液＝10：1 按比例混合，置于 PCR 仪中 37℃孵育 4h、8h 和 16h，各取 20μL 样品进行 SDS-PAGE 检测。

使用活性氧（ROS）试剂盒（中国 Beyotime 生物科技）检测幼虫中肠中的 ROS 水平。将茶尺蠖的第二龄幼虫解剖并立即与荧光探针 2,7-二氯荧光素二乙酸酯（DCFH-DA，10μM）混合。混合物在 37℃的孵化器中孵育 30min，并用 PBS 缓冲液洗涤三次。用消毒水作为空白对照，用诱导 ROS 产生的 Rosup 作为阳性对照。使用共聚焦激光扫描显微镜（CLSM，Leica TCS SP8X DLS）在 488 nm 波长下观察荧光产生。

### 4. Cry1Ac-Mg(OH)$_2$ 在茶叶上的黏附性能

（1）SEM 电镜观察　为确定 Cry1Ac-Mg(OH)$_2$ 复合物在茶叶叶片表面的黏附性，以相同生长条件下的茶叶植株为材料，摘取大小相似的茶树叶，向茶树叶片分别喷施 1mL 相同浓度的 Cry1Ac-Mg(OH)$_2$ 复合物、纳米 Mg(OH)$_2$ 溶液、Bt Cry1Ac 蛋白，以喷施蒸馏水的为对照组，待样品自然风干后，模拟降雨行为，喷施 3mL 无菌蒸馏水，待其晾干后冷冻干燥，对样品进行常规 SEM 处理（取材清洗、固定、脱水、干燥置换、粘托固定和镀膜喷金）制样。使用 SEM 观察茶叶叶面的形貌以及纳米材料在叶面的分布情况。

（2）接触角测定　选用相同大小的新鲜茶叶叶片，用蒸馏水仔细清洗几次，去除叶片表面的灰尘，确保叶片表面不受损伤。在室温下风干叶面水分后，将叶片切成 3cm×3cm 大小，平放于接触角测量平台上。使用取样器分别取 100μL 浓度均为 500mg/L 的 Cry1Ac-Mg(OH)$_2$ 溶液、纳米 Mg(OH)$_2$ 溶液、Cry1Ac 蛋白和蒸馏水滴加于茶叶叶片上，测量不同样品与茶叶叶片的接触角。

（3）叶面滞留率 将纳米 $Mg(OH)_2$ 与 Cry1Ac 蛋白按照质量为 10∶1 的比例制备 Cry1Ac-$Mg(OH)_2$ 蛋白复合物，制备的复合物置于 4℃ 冰箱备用。取大小相对一致的茶叶叶片，用蒸馏水清洗去除表面的杂质，室温晾干。将洁净的茶叶叶片置于 9cm 塑料培养皿内，放置在桌面。将相同浓度 Cry1Ac 蛋白和 Cry1Ac-$Mg(OH)_2$ 复合物喷洒在茶叶叶片表面，室温自然晾干后，模拟降雨行为。将 3mL 无菌蒸馏水用小喷壶模拟降雨，均匀喷洒在茶叶叶片表面。待其晾干后，用 3mL 0.05mol/L $Na_2CO_3$（pH 9.5）缓冲液浸没茶叶叶片表面，在摇床内摇晃 10min，并使用移液器用力冲洗叶片表面。收集洗脱液，加入 4mol/L HAc-NaAc（pH 4.5）缓冲液，将 pH 调节至 4.5，溶解纳米 $Mg(OH)_2$，并沉淀 Cry1Ac 蛋白。用无菌蒸馏水清洗沉淀蛋白 3 次，加入 0.05mol/L $Na_2CO_3$（pH 9.5）缓冲液溶解沉淀。最后，利用 Bradford 法测定蛋白浓度，并对样本进行 SDS-PAGE 检测。根据蛋白浓度及 SDS-PAGE 分析，计算不同处理组叶片表面蛋白保留量，从而确定纳米 $Mg(OH)_2$ 的抗冲洗能力，利用 SPSS 26.0 软件进行显著性分析。

### 5. 纳米氢氧化镁在茶树组织中的转运

为了追踪茶树植物组织中的纳米 $Mg(OH)_2$，用罗丹明 B（RhB）标记纳米 $Mg(OH)_2$。将 RhB 粉末溶于蒸馏水中，获得浓度为 0.5mg/mL 的 RhB 水溶液，然后将纳米 $Mg(OH)_2$ 添加到其中［纳米 $Mg(OH)_2$ 与 RhB 水溶液加入的体积比为 1∶2］。超声均匀后在黑暗条件下置于磁力搅拌器上室温 180r/min 的条件搅拌 2h，然后将产物室温 12000r/min 离心 10min，得到沉淀即为荧光标记物。然后将 0.1mg/mL RhB 标记的纳米 $Mg(OH)_2$ 悬浮液喷洒在茶树中间叶片上，这一过程要小心喷施，以避免液滴流失和 RhB 标记的纳米 $Mg(OH)_2$ 漂移。在不同时间间隔（24h、48h、72h 和 96h）处理后，采集茶树叶、茎和根切片，在激光共聚焦显微镜下观察各切片。在 490 nm 和 520 nm 处检测到 RhB 的激发荧光和发射荧光。

此外，还监测了纳米 $Mg(OH)_2$ 处理茶树植株中镁的生物积累和转运速率，并测定了植株组织（叶、茎和根）中镁的浓度。配制浓度为 500mg/L 的纳米 $Mg(OH)_2$ 溶液，每天同一时间段，每株叶片分别喷洒 1mL 的纳米 $Mg(OH)_2$ 溶液和蒸馏水，连续喷施 7d。在收获时，用蒸馏水将茶树苗冲洗干净。将茶树组织分为喷施叶、嫩叶、老叶、根和茎五个部分，65℃ 烘干 24h。取茶叶不同部位相同的量进行消解，通过电感耦合等离子体发射光谱仪（ICP-OES）测量镁元素的变化量，从而确定纳米 $Mg(OH)_2$ 在茶树苗中的转运方式。

### 6. 茶树生理生化测定

以相同生长条件下的茶叶植株为实验材料,测定相同浓度 Cry1Ac-Mg(OH)$_2$ 复合物、纳米 Mg(OH)$_2$ 溶液、Cry1Ac 蛋白和蒸馏水对茶叶的影响,每个处理重复 3 次。48h 后称取茶叶叶片组织,在液氮中研磨成匀浆,备用。SOD 和 POD 酶活测定方法参考对应试剂盒方法,进行酶活测定。具体步骤:称取约 0.1g 茶叶叶片组织加入 1mL 提取液,进行冰浴匀浆。4℃,8000r/min,离心 10min,取上清,置冰上待测。使用 SPSS 软件(IBM,26.0)进行显著性分析。

### 7. 纳米氢氧化镁的生物安全性评估

(1)对苏云金芽孢杆菌的影响　在液体 LB 培养基中分别加入浓度为 0mg/L、12.5mg/L、25mg/L、50mg/L、100mg/L、250mg/L 和 500mg/L 的纳米 Mg(OH)$_2$,按 1% 比例接入 Bt HD73,在 30℃摇床培养 24h 后测定 OD$_{600}$。

(2)对大肠杆菌的影响　在液体 LB 培养基中分别加入浓度为 0mg/L、12.5mg/L、25mg/L、50mg/L、100mg/L、250mg/L 和 500mg/L 的纳米 Mg(OH)$_2$,按 1% 比例接入大肠杆菌,在 37℃摇床培养 24h 后测定 OD$_{600}$。

(3)对红鲤鱼的影响　参考《微生物农药　环境风险评价试验准则》(NY/T 3152.4—2017)。首先将购买的红鲤鱼用充分脱氯的自来水驯化,驯化期间日死亡率低于 1% 方可用于实验,在实验前 24h 停止喂养。选择生长稳定,形态健康,大小、体重一致的红鲤鱼,分别放入直径 30cm 的塑料盆中,投放密度控制在每升水不超过 1g 红鲤鱼。每盆 5 条红鲤鱼,每盆中纳米 Mg(OH)$_2$ 的浓度分别 25mg/L、100mg/L 和 500mg/L,并以脱氯的自来水作为对照处理。盆口用纱布掩盖,避免红鲤鱼跳出盆中,且避免杂物落入盆中影响实验。每组 3 次重复。实验期间,不投喂鱼食,整个水溶液每 24h 更换一次,以保持纳米 Mg(OH)$_2$ 水溶液浓度和水的品质。每天记录一次盆中鱼的死亡条数,直至第 96h 结束,计算死亡率。死亡状态的判断标准为,红鲤鱼没有呼吸或触摸尾巴不再有反应。

(4)对狼尾草种子发芽率的影响　参考《化学农药环境安全评价试验准则》(GB/T 31270.16—2014)。先将狼尾草种子用蒸馏水洗涤两遍,放入烧杯用蒸馏水浸泡 2h。在直径为 9cm 培养皿上放置 1 层直径为 8.4cm 的滤纸,分别加入 5mL 浓度为 0mg/L、12.5mg/L、50mg/L、100mg/L、250mg/L 和 500mg/L 的纳米 Mg(OH)$_2$ 溶液。每个培养皿中放入 50 粒种子,每个浓度 3 次重复。在相对湿度为(60±5)%、温度为(26±1)℃、光周期(白天:黑夜)为 14h:8h 的人工气候培养箱中进行培育。3d 后,计算狼尾草种子的发芽率。

(5) 对狼尾草种子生长的影响　参考《化学农药环境安全评价试验准则》GB/T 31270.12—2014。狼尾草种子处理方法同上。待种子长出嫩芽后，选取长势一致的嫩苗分播于塑料盆内，齐苗后定苗至 10 株/盆，每个处理 3 盆。喷洒 5mL 浓度为 0mg/L、12.5mg/L、50mg/L、100mg/L、250mg/L 和 500mg/L 的纳米 $Mg(OH)_2$ 溶液于嫩苗叶片。每天适量补充水分，保持土壤湿度。每隔 2d 测量一次株高，记录至第 5d 结束。使用 SPSS 软件（IBM，26.0）进行显著性分析。

(6) 对土壤微生物的影响　配制浓度为 200mg/L 的 Cry1Ac-$Mg(OH)_2$ 蛋白复合物、纳米 $Mg(OH)_2$ 溶液、Bt Cry1Ac 蛋白和蒸馏水。处理土样，每个处理做 6 个重复，每个处理喷施 5mL 对应溶液，放置培养箱培养 24h，进行微生物测序和生物信息分析。首先使用土壤 DNA 分离试剂盒提取土壤样本的基因组 DNA，利用量子比特将每个样品的基因组 DNA 定量到 5ng/μL，利用琼脂糖凝胶电泳和 NanoDrop 2000 检测 DNA 的浓度。以基因组 DNA 为模板，针对 16S rDNA 的 V3 至 V4 区域进行测序分析，使用带条形码（bar-code）的特异引物 343F 和 798R 进行扩增和测序。PCR 扩增程序为：94℃启动 5min，1 个循环，94℃启动 30s，56℃启动 30s，72℃启动 20s，26 个循环，72℃启动 5min。PCR 产物使用电泳检测。检测后使用磁珠纯化，纯化后作为二轮 PCR 模板，进行二轮 PCR 扩增，并再次使用电泳检测。检测后使用磁珠纯化，纯化后对 PCR 产物进行 Qubit 定量。根据 PCR 产物浓度进行等量混样，并上机测序，生成测序文库。使用 QIIME 2 软件包挑选出各个 ASV 的代表序列后，将所有代表序列与数据库进行比对注释。16S 和 18S 使用 Silva（version138）数据库比对，ITS 使用 Unite 数据库比对。物种比对注释使用 q2-feature-classifier 软件默认参数进行分析。

所有结果表示为均值±标准差（SD）。数据通过单因素方差分析（ANOVA）和 $t$ 检验进行分析。$p<0.05$ 被认为具有统计学意义。

## 三、纳米氢氧化镁及其纳米复合材料的合成与表征

测定上清液中 Cry1Ac 蛋白的浓度发现，94.69% 的 Cry1Ac 蛋白被负载在纳米 $Mg(OH)_2$ 上。且 SDS-PAGE 凝胶电泳结果表明，从 Bt-HD73 菌株中提取的 Cry1Ac 蛋白分子质量为 130 kDa，Cry1Ac 蛋白被完全加载到纳米 $Mg(OH)_2$ 上，且吸附过程不影响 Cry1Ac 蛋白的分子质量大小。Cry1Ac-$Mg(OH)_2$ 上清液的条带明显变浅，并结合浓度测定结果，用 SPSS 26.0 进行显著性分析，Cry1Ac-$Mg(OH)_2$ 的上清蛋白浓度显著降低（$p<0.05$），这说

明纳米 Mg(OH)$_2$ 和 Bt Cry1Ac 蛋白两者之间确实发生了结合，纳米 Mg(OH)$_2$ 对 Cry1Ac 蛋白的蛋白分子质量大小没有影响，且纳米 Mg(OH)$_2$ 对 Cry1Ac 蛋白具有较高的吸附强度［图 8-1（a）］。利用 SEM 和 TEM 对合成的纳米 Mg(OH)$_2$ 和 Cry1Ac-Mg(OH)$_2$ 样品进行表征，观察其形貌。结果发现未载蛋白的纳米 Mg(OH)$_2$ 表现为片状支撑结构，具有良好的结晶性。Cry1Ac-Mg(OH)$_2$ 的形貌与纳米 Mg(OH)$_2$ 的形貌结构基本相同，未发生明显变化，但团聚程度有所增加，说明成功制备出了纳米尺寸、形貌均匀的 Cry1Ac-Mg(OH)$_2$ 纳米复合材料。同时也说明纳米 Mg(OH)$_2$ 在吸附过程中结构较为稳定，Cry1Ac 蛋白负载未破坏其形貌结构［图 8-1（b）］。

利用 X 射线粉末衍射仪对纳米 Mg(OH)$_2$ 和 Cry1Ac-Mg(OH)$_2$ 进行定量分析。根据图 8-1（c）可看出，合成的纳米 Mg(OH)$_2$ 和 Cry1Ac-Mg(OH)$_2$ 样品晶体中 $2\theta$ 分别为 18.6°、32.9°、38.5°、50.9°、58.7°、62.2°、68.3°、72.1°和 81.4°，分别对应（001）、（100）、（011）、（012）、（110）、（111）、（103）、（201）和（202）晶面，与标准卡片拟合的纳米 Mg(OH)$_2$ 晶体结构的主要特征衍射峰一致，说明制备的纳米 Mg(OH)$_2$ 和 Cry1Ac-Mg(OH)$_2$ 都是具有高结晶度的 Mg(OH)$_2$ 晶体，并说明纳米 Mg(OH)$_2$ 中加入 Bt Cry1Ac 蛋白不会影响其结构，二者之间未发生化学反应，而是单纯的物理性吸附。通过谢乐公式计算得出合成的纳米 Mg(OH)$_2$ 和 Cry1Ac-Mg(OH)$_2$ 在（101）晶面的尺寸分别为 5.99 nm 和 6.57 nm，这说明纳米 Mg(OH)$_2$ 负载了 Bt Cry1Ac 蛋白。

傅立叶红外光谱（FT-IR）可以测定出样品中存在的官能团或化学键，因此为了进一步证明 Cry1Ac 蛋白在样品中存在，对纳米 Mg(OH)$_2$ 和 Cry1Ac-Mg(OH)$_2$ 进行了 FT-IR 表征，记录了从 4000cm$^{-1}$ 到 500cm$^{-1}$ 范围内纳米 Mg(OH)$_2$ 和 Cry1Ac-Mg(OH)$_2$ 的 FT-IR 光谱［图 8-1（d）］。纳米 Mg(OH)$_2$ 在 3699.69cm$^{-1}$ 和 438.17cm$^{-1}$ 处的吸收峰为 Mg—O 的特征峰，在 3430.02cm$^{-1}$ 处的吸收峰为水分子中羟基（—OH）的伸缩振动峰。在 1630.38cm$^{-1}$ 处的吸收峰被认为是吸附在纳米 Mg(OH)$_2$ 表面的水分子的弯曲振动，1460~1400cm$^{-1}$ 处的吸收峰被认为是 Mg—O 伸缩振动或 Mg—O—Mg 变形振动。与纳米 Mg(OH)$_2$ 相比，Cry1Ac-Mg(OH)$_2$ 中除了在 3429.99cm$^{-1}$ 处存在—OH 的伸缩振动峰和在 3699.75cm$^{-1}$ 和 4349.01cm$^{-1}$ 处存在 Mg—O 官能团的特征伸缩振动峰外，在 1638.29cm$^{-1}$ 处还可能存在氨基（—NH$_2$），这表明 Cry1Ac 蛋白被吸附到了纳米 Mg(OH)$_2$ 上。与此同时，Cry1Ac-Mg(OH)$_2$ 在 3699.75cm$^{-1}$ 处的 Mg—O 官能团的吸收峰强度显著降低，在 881.32cm$^{-1}$ 处的吸收峰可能是芳香族的 C—H 键，这也说明了 Cry1Ac 蛋白

负载在纳米 Mg(OH)$_2$ 上。

利用 DLS 测定了纳米 Mg(OH)$_2$、Cry1Ac 蛋白和 Cry1Ac-Mg(OH)$_2$ 在蒸馏水（pH=7.0）中的分散粒径。如图 8-1（e）所示，纳米 Mg(OH)$_2$ 的分散粒径为（3.53±0.31）μm，Cry1Ac 蛋白的分散粒径为（8.98±1.71）μm，Cry1Ac-Mg(OH)$_2$ 复合物的分散粒径为（7.35±0.37）μm，这说明样品在水中有明显的团聚现象。利用 Zeta 电位确定了纳米 Mg(OH)$_2$ 与 Cry1Ac 蛋白之间的结合方式。如图 8-1（f）所示，纳米 Mg(OH)$_2$ 的 Zeta 电位值为（−17.12±0.57）mV，Cry1Ac 蛋白的 Zeta 电位值为（−40.11±2.99）mV，Cry1Ac-Mg(OH)$_2$ 复合物的 Zeta 电位值为（−30.90±0.37）mV。纳米 Mg(OH)$_2$ 携带负电荷，纳米 Mg(OH)$_2$ 与高负电荷 Cry1Ac 蛋白负载后，混合

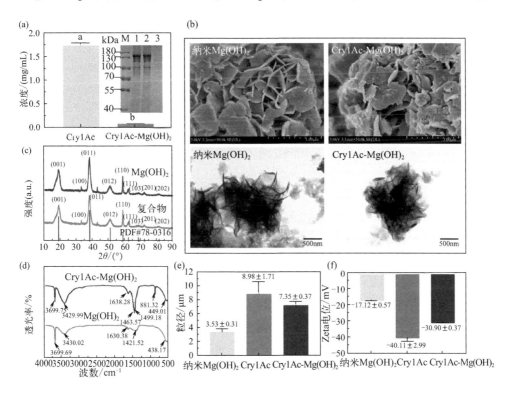

**图 8-1　纳米 Mg(OH)$_2$ 及 Cry1Ac-Mg(OH)$_2$ 纳米复合材料的表征**

(a) 纳米 Mg(OH)$_2$ 装载前后 Cry1Ac 蛋白浓度的测定与 SDS-PAGE 分析（右上）[M—预染色蛋白 Marker；1—Cry1Ac 蛋白；2—Cry1Ac-Mg(OH)$_2$；3—上清液中残留的 Cry1Ac 蛋白]；(b) 纳米 Mg(OH)$_2$ 和 Cry1Ac-Mg(OH)$_2$ 的 SEM（上）和 TEM 图像（下）；(c) 纳米 Mg(OH)$_2$ 和 Cry1Ac-Mg(OH)$_2$ 的 XRD 图谱；(d) 纳米 Mg(OH)$_2$ 和纳米复合材料的 FT-IR 谱图；(e) 纳米 Mg(OH)$_2$、Cry1Ac 蛋白和纳米复配物的尺寸分布；(f) 纳米 Mg(OH)$_2$、Cry1Ac 蛋白和纳米复配物的 Zeta 电位测定

溶液 Cry1Ac-Mg(OH)$_2$ 仍保持负电荷。这一结果表明，纳米 Mg(OH)$_2$ 与 Cry1Ac 蛋白的结合不是由静电相互作用驱动的，而是由共价键驱动的，纳米 Mg(OH)$_2$ 与 Bt Cry1Ac 蛋白是通过分子间作用结合在一起的。而与 Cry1Ac 蛋白相比 Cry1Ac-Mg(OH)$_2$ 的 Zeta 电位升高也证实了 Cry1Ac 蛋白被吸附在纳米 Mg(OH)$_2$ 上。

## 四、纳米 Mg(OH)$_2$ 对 Bt 杀虫蛋白生物活性和杀虫机制的影响

利用饲料喂养法测定相同浓度下 H$_2$O、纳米 Mg(OH)$_2$、Cry1Ac 和 Cry1Ac-Mg(OH)$_2$ 不同处理对初孵茶尺蠖幼虫的生物活性。结果发现，96h 时 Cry1Ac-Mg(OH)$_2$ 处理组的死亡率是 Cry1Ac 蛋白组的 1.5 倍，且纳米 Mg(OH)$_2$ 对茶尺蠖的生物活性无显著影响，说明 Mg(OH)$_2$ 对 Cry1Ac 蛋白有一定的增效作用［图 8-2（a）］。为了进一步研究 Cry1Ac 与 Cry1Ac-Mg(OH)$_2$ 对茶尺蠖幼虫的杀虫机理，用浸梢法对茶尺蠖幼虫进行胃毒毒力测定，通过 TEM 观察正常 5 龄茶尺蠖幼虫的中肠细胞超微结构。由图 8-2（b）可以看出，中肠柱状细胞顶端微绒毛排列紧密有序、数量众多且向顶端延伸。纳米 Mg(OH)$_2$ 处理结果和对照组一致，茶尺蠖幼虫的中肠上皮细胞没有受损且微绒毛完整、排列整齐，这意味着纳米 Mg(OH)$_2$ 对茶尺蠖幼虫没有明显的杀虫活性，这与之前的生物活性测定结果一致。用 Cry1Ac 蛋白喂养后，其中肠上皮细胞没有明显变化，但观察到微绒毛有严重损伤。相比之下，Cry1Ac-Mg(OH)$_2$ 使得茶尺蠖幼虫的中肠上皮细胞以及细胞壁的轮廓变得不清楚，细胞具有明显的裂解，并且微绒毛也严重受损。说明 Cry1Ac 蛋白和 Cry1Ac-Mg(OH)$_2$ 对茶尺蠖均能产生毒性作用，且 Cry1Ac-Mg(OH)$_2$ 的毒性作用比单纯 Cry1Ac 蛋白强。这些说明纳米 Mg(OH)$_2$ 可以增加 Bt Cry1Ac 蛋白对中肠上皮细胞的损伤。

为了探究 Mg(OH)$_2$ 对 Cry1Ac 蛋白对茶尺蠖的杀虫活性是否有增效作用，研究了肠道蛋白酶对 Cry1Ac 蛋白和 Cry1Ac-Mg(OH)$_2$ 的蛋白水解过程［图 8-2（c）］。对孵育 4h、8h 和 16h 的 Cry1Ac 蛋白＋胰蛋白酶、Cry1Ac-Mg(OH)$_2$＋肠液和 Cry1Ac 蛋白＋肠液进行 SDS-PAGE 检测，Cry1Ac 蛋白被胰蛋白酶降解为 65 kDa 活性片段（条带 3），由茶尺蠖肠液蛋白酶处理的 Cry1Ac 蛋白和 Cry1Ac-Mg(OH)$_2$ 蛋白的产物与由胰蛋白酶激活的 Cry1Ac 蛋白的分子质量相似（条带 4、条带 5），且 Cry1Ac-Mg(OH)$_2$ 的蛋白降解程度更加严重（条带 4）。根据 SDS-PAGE 分析，在不同时间段（4h、8h 和 16h）孵育的蛋白样品的条带状况没有明显差别。根据灰度分析发现，Cry1Ac-Mg(OH)$_2$ 蛋白复配物和 Cry1Ac 蛋白在不同时间段均存在显著差异（$p<0.05$），

Cry1Ac-Mg(OH)$_2$ 蛋白复配物组可加剧 Cry1Ac 蛋白降解成为 65 kDa 活性片段。这表明纳米 Mg(OH)$_2$ 加剧了 Cry1Ac 蛋白降解成为活性片段，提高了蛋白的杀虫活性。

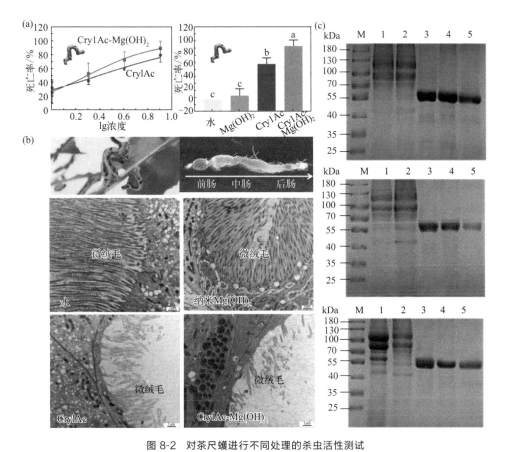

**图 8-2 对茶尺蠖进行不同处理的杀虫活性测试**

（a）不同处理对茶尺蠖生物活性的影响；（b）不同处理下的茶尺蠖肠道上皮细胞和微绒毛的透射电镜图像；（c）不同处理组在 4h，8h 和 16h 的蛋白酶解情况 [M—预染色蛋白 Marker；1—Cry1Ac；2—Cry1Ac-Mg(OH)$_2$；3—Cry1Ac＋胰蛋白酶；4—Cry1Ac-Mg(OH)$_2$＋肠液；5—Cry1Ac＋肠液]

纳米 Mg(OH)$_2$ 和 Cry 蛋白被茶尺蠖取食后，在肠道中直接与中肠上皮细胞发生相互作用。用 DCFH-DA 对茶尺蠖中肠进行染色，DCFH-DA 被细胞内活性氧（ROS）氧化成高度荧光的二氯荧光素（DCF）（图 8-3）。在单独的纳米 Mg(OH)$_2$ 处理组中，观察到茶尺蠖的中肠细胞中有少量荧光，表明纳米 Mg(OH)$_2$ 可在中肠富集并诱导茶尺蠖中肠细胞产生 ROS。在 Cry1Ac 蛋白处理组中观察到中肠有密集的绿色荧光，且在中肠中分布更均匀。进一步地，在 Cry1Ac-Mg(OH)$_2$ 处理组中，观察到中肠有更大区域的更密集和相对更强的荧光。Cry1Ac蛋白本身表现出杀虫活性，通过与昆虫肠道上皮细胞表面的特定受体结合，触发一系列复杂的生物化学反应。与受体结合后导致细胞膜的完整性被破坏，细胞内外的物质交换失控，进而引发脂质过氧化，氧化还原平衡被打破，诱导产生大量活性氧[1-2]。这些连锁反应最终导致细胞损伤和死亡，从而发挥杀虫效果。当Cry1Ac蛋白被纳米$Mg(OH)_2$负载后，纳米$Mg(OH)_2$的花状自支撑结构不仅增加了Cry1Ac蛋白与宿主组织的接触面积，提高了其黏附能力，而且增强了其穿透昆虫肠道保护层的能力，防止Cry1Ac蛋白被昆虫的消化酶或其他防御机制清除，延长了Cry1Ac蛋白在昆虫体内的活性时间。

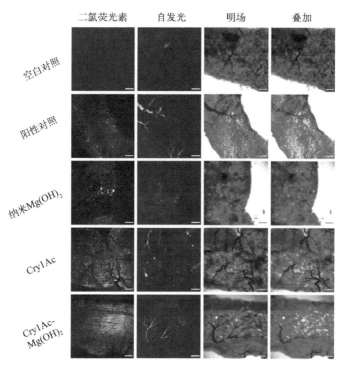

图8-3　茶尺蠖幼虫肠道的DCFH-DA染色（比例尺为200μm）

## 五、纳米氢氧化镁在茶叶表面的黏附及其在植物中的运输

叶片的黏附能力是决定农药效果的关键因素。因此，监测了纳米$Mg(OH)_2$对农药叶面喷洒的影响，以确保纳米复合材料有效黏附在茶树上。通常，茶叶表面相对坚硬且光滑，茶树表面呈现亲水性。通过测量接触角，比较Cry1Ac-$Mg(OH)_2$复配物、纳米$Mg(OH)_2$溶液、Cry1Ac蛋白和蒸馏水在茶叶叶片表面的润湿行为［图8-4（a）］。Cry1Ac蛋白因为自重力无法滴落测量接触

角。蒸馏水在茶叶叶片表面的接触角为 85.813°，说明叶片具有良好的亲水性，蒸馏水易黏附叶片。纳米 $Mg(OH)_2$ 溶液与叶片的接触角为 83.171°，说明纳米 $Mg(OH)_2$ 溶液与叶片表面具有良好的亲水性，易黏附在茶叶叶片。Cry1Ac-$Mg(OH)_2$ 复合物与叶片表面的接触角为 80.559°，表明纳米 $Mg(OH)_2$ 能增加 Cry1Ac 蛋白的下落力，促进 Cry1Ac 蛋白接触叶片，并改善 Cry1Ac 蛋白在叶面的分布。因此，纳米 $Mg(OH)_2$ 能够提高 Cry1Ac 蛋白在茶叶叶片上的滞留率，减小接触角。

将蒸馏水、纳米 $Mg(OH)_2$ 溶液、Cry1Ac-$Mg(OH)_2$ 复合物和 Cry1Ac 蛋白喷洒在茶叶叶片表面，研究复合物的抗雨水冲洗能力 [图 8-4（b）]。茶树叶片表面分布有不规则的纹路和气孔结构。当喷施 Cry1Ac 蛋白到茶树叶片，叶片表面气孔被大量附着，但纹路未观察到明显变化。当喷施纳米 $Mg(OH)_2$ 到茶树叶片，团聚的细小颗粒能很好地停留在纹路和气孔所对应的凹槽当中。当喷施 Cry1Ac-$Mg(OH)_2$ 到茶树叶片，团聚颗粒变大，且能够很好地停留在纹路和气孔所对应的凹槽当中，与叶片间具有更强的黏附力。进一步测定了茶树叶片表面所滞留的蛋白量，测定雨水冲刷前茶叶叶片上的 Cry1Ac 蛋白浓度（$C_0$）和雨水冲刷后叶片上的 Cry1Ac 蛋白浓度（$C_1$），以 $C_1/C_0$ 作为 Cry1Ac 蛋白在叶片上的滞留率 [图 8-4（c）]。结果显示，单独的 Cry1Ac 蛋白在茶叶叶片上的滞留率仅为 24.01%，而 Cry1Ac-$Mg(OH)_2$ 在茶叶叶片上的滞留率为 35.46%，两者之间存在差异，Cry1Ac-$Mg(OH)_2$ 在茶叶叶片上的滞留率提高了 11.45%。因此纳米 $Mg(OH)_2$ 可提高 Cry1Ac 蛋白在茶树叶片的滞留率，从而间接地提高了 Cry1Ac 蛋白的抗雨水冲洗能力。

通过激光共聚焦荧光显微镜研究了纳米 $Mg(OH)_2$ 在水培茶树植株中的吸收和分布情况。如图 8-5（a）所示，将 RhB 标记的纳米 $Mg(OH)_2$ 喷洒到叶片上，24h 内大部分纳米 $Mg(OH)_2$ 沉积在叶片上和茎上，通过角质层或气孔进入植物叶肉细胞，随后以共质体途径或质外体途径（通过细胞壁）转运到韧皮部筛管细胞中。96h 时的大部分纳米 $Mg(OH)_2$ 沉积在根部，在韧皮部的沉积尤为明显。纳米 $Mg(OH)_2$ 是通过角质层、气孔和叶脉运输，随后由木质部导管向下运输。茎对纳米 $Mg(OH)_2$ 的吸收由表皮慢慢向厚角组织、皮层和韧皮部由外向内转运。48h 时茎和根组织中纳米 $Mg(OH)_2$ 的分布逐渐变多，但茎的荧光强度高于根。在 96h 时根 $Mg(OH)_2$ 的分布逐渐变多，叶片纳米 $Mg(OH)_2$ 的分布逐渐少，这表明纳米 $Mg(OH)_2$ 可以被叶片迅速吸收，并转移到植株的其他部位（嫩叶、茎、老叶和根）。

此外还通过 ICP-OES 定量分析研究了纳米 $Mg(OH)_2$ 在水培茶树植株中的吸收和分布情况 [图 8-5（b）]。结果表明，纳米 $Mg(OH)_2$ 在茶树植株存

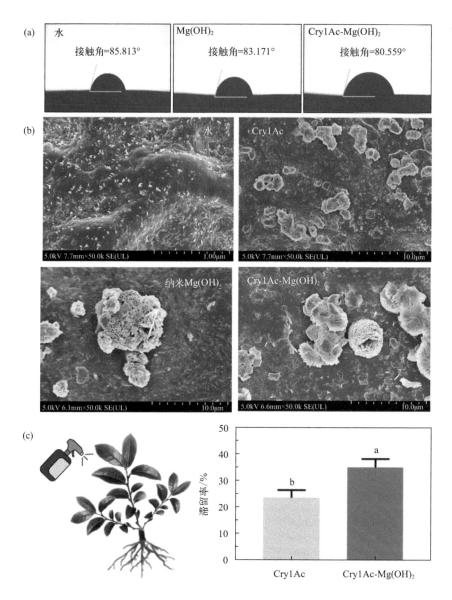

**图 8-4 纳米 Mg(OH)$_2$ 负载 Bt 蛋白前后的抗冲洗性能**

(a) 水、纳米 Mg(OH)$_2$ 和 Cry1Ac-Mg(OH)$_2$ 处理样品在茶叶表面的接触角；(b) 不同处理条件下茶叶叶片的 SEM 图像；(c) 在模拟雨水冲刷后，纳米 Mg(OH)$_2$ 对 Cry1Ac 蛋白在茶叶上滞留率的影响

在转运，喷施纳米 Mg(OH)$_2$ 组的茶树中 Mg 元素的含量增加了 1640.53mg/kg，其中根部增加了 462.1mg/kg，由 Mg 元素增长量可知纳米 Mg(OH)$_2$ 由喷施叶转运到茶树幼叶、茎和根中，这与激光共聚焦荧光显微镜的结果一致。此外，叶面处理 7d 后，根部组织中 Mg 元素含量的增长量占整株植株的

28.17%，嫩叶组织中 Mg 元素含量的增长量占整株植株的 17.83%，说明 Mg(OH)$_2$ 在根部的沉积更多，纳米 Mg(OH)$_2$ 能够被叶片迅速吸引，并转移到植株的其他部位（嫩叶、茎、老叶和根）。所有结果表明，纳米 Mg(OH)$_2$ 在茶叶表面展现了强大的黏附能力，使其成为有效的 Bt 生物农药传递载体。

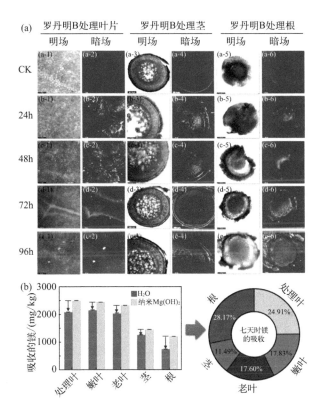

图 8-5　纳米 Mg(OH)$_2$ 在茶树组织中的吸收和分布情况
（a）不同时间间隔处理茶树叶片、茎和根的纵向截面的共聚焦图像，比例尺为 100μm；
（b）通过 ICP-OES 分析在茶树中喷洒纳米 Mg(OH)$_2$ 的定量分布

## 六、纳米氢氧化镁的生物安全性评估

为了研究 Cry1Ac 蛋白和纳米 Mg(OH)$_2$ 对茶叶生理生化指标的影响，对不同处理的茶树叶片进行抗氧化酶活力测定。结果显示，茶树的 SOD 和 POD 活性表达水平无明显差异［图 8-6（a）和（b）］。植物抗氧化系统具有抗自由基和过氧化物的联合和协同作用，由 SOD、POD 和非酶促抗氧化物组成。在植物受到外界胁迫时，这些酶可以有效清除活性氧，抵御外界毒害。茶树叶片 SOD 和 POD 活性均无显著差异，说明 Cry1Ac 蛋白和纳米 $Mg(OH)_2$ 对茶树抗氧化系统无促进和抑制作用。初步说明 Cry1Ac 蛋白和纳米 $Mg(OH)_2$ 均对茶树植株无明显毒性，对茶树植株的生长发育无影响。

测定了纳米 $Mg(OH)_2$ 对微生物（Bt 和 *E. coli*）、动物（红鲤鱼）以及植物（狼尾草）的影响，从而评估其作为载体的可行性。添加不同浓度的纳米 $Mg(OH)_2$ 于 Bt 和 *E. coli* 生长的培养基中，Bt 和 *E. coli* 生长无显著差异（$p>0.05$）[图 8-6（c）和（d）]，说明其对 Bt 和 *E. coli* 生长无抑制作用，且对微生物安全、友好。添加不同浓度的纳米 $Mg(OH)_2$ 连续饲养红鲤鱼 96h 后，其生存率无显著差异（$p>0.05$）[图 8-6（e）和（h）]，进一步证明了其对生物的安全性。添加不同浓度的纳米 $Mg(OH)_2$ 到狼尾草种子培养液中，发现狼尾草种子的发芽率与对照组处理无显著性差异（$p>0.05$）[图 8-6（f）]，说明其对狼尾草种子发芽无显著抑制作用。测定了喷洒纳米 $Mg(OH)_2$ 对狼尾草株高的影响，结果显示狼尾草不同处理株高均未观察到显著性变化（$p>0.05$）[图 8-6（g）和（i）]，表明纳米 $Mg(OH)_2$ 不会对狼尾草叶片产生药害。因此，纳米 $Mg(OH)_2$ 对微生物、动物和植物具有较高的生物安全性，进一步证明了纳米 $Mg(OH)_2$ 对环境的安全性。故以纳米 $Mg(OH)_2$ 作为载体具有广阔的应用前景。

为了研究 Cry1Ac-$Mg(OH)_2$ 蛋白复配物、纳米 $Mg(OH)_2$ 溶液、Bt Cry1Ac 蛋白和蒸馏水对茶树根际细菌菌群结构影响，对细菌 16S rRNA 基因 V3～V4 区进行了 Illumina MiSeq 测序。24 份茶树根际土壤样品共获得 81642 个原始数据，经质量过滤、降噪拼接去除嵌合体后，得到 54532 个代表序列。这些序列被划分为 32 门 78 纲 184 目 289 科 508 属 970 种。样品的细菌群落结构在门和属水平上如图 8-7 所示，尽管观察到多达 32 个不同的门，但没有一个样本包含所有的门，平均每个样品有 24 门。所有样品中排名前 15 位的门代表了 99% 以上的根际分类多样性。为了追踪纳米 $Mg(OH)_2$ 和 Bt Cry1Ac 蛋白对土壤微生物群落的影响，评估纳米 $Mg(OH)_2$ 和 Bt Cry1Ac 蛋白对茶树根际土壤的优势菌门，结果发现变形菌门和酸杆菌门是茶树根际土壤中最丰富的门，占据 51% 以上。Cry1Ac-$Mg(OH)_2$ 蛋白复配物和 Bt Cry1Ac 蛋白对土壤微生物群优势菌门（变形菌门、酸杆菌门和厚壁菌门）均有显著影响。纳米 $Mg(OH)_2$ 溶液处理组对优势菌门无显著影响，说明纳米 $Mg(OH)_2$ 对环境具有安全性。此外，Cry1Ac-$Mg(OH)_2$ 蛋白复配物和 Bt Cry1Ac 蛋白组主要属土壤微生物群有芽孢杆菌属（*Bacillus*）、Subgroup_2 和鞘氨醇单胞菌属（*Sphingomonas*），$Mg(OH)_2$ 组主要属土壤微生物群有 Subgroup_2 和鞘氨醇单胞菌属。证明 Cry1Ac-$Mg(OH)_2$ 组与 Bt Cry1Ac 蛋白组之间对环境微生物的影响

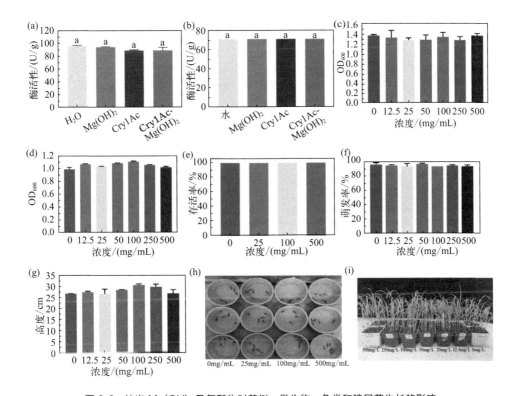

图 8-6 纳米 Mg(OH)$_2$ 及复配物对茶树、微生物、鱼类和狼尾草生长的影响

(a) 不同样品处理后茶树的 SOD 酶活性测定；(b) 茶树的 POD 酶活性测定；(c) 不同浓度纳米 Mg(OH)$_2$ 对苏云金杆菌生长的影响；(d) 对大肠杆菌生长的影响；(e) 金鱼的存活率；(f) 狼尾草的发芽率；(g) 狼尾草的植株高度；(h) 金鱼的存活情况；(i) 狼尾草的生长情况

显著差异。Cry1Ac-Mg(OH)$_2$ 蛋白复配物和 Bt Cry1Ac 蛋白喷施在土壤中芽孢杆菌属丰度增加，其他菌属无明显变化。以上结果表明，Cry1Ac 蛋白对厚壁菌门和芽孢杆菌属的丰度有较强的促进作用。

图 8-8 群落结构热图说明细菌群落在门和属水平上，对照组和纳米 Mg(OH)$_2$ 处理组之间相对丰度无显著差异。对照组和 Cry1Ac-Mg(OH)$_2$ 蛋白复配物、Bt Cry1Ac 蛋白处理组之间相对丰度有显著差异。在门水平上，Cry1Ac-Mg(OH)$_2$ 蛋白复配物和 Bt Cry1Ac 蛋白处理组厚壁菌门的相对丰度显著提高，脱硫菌门和变形菌门相对丰度显著降低。厚壁菌门是一门特殊的微生物，在土壤中起到改善土壤质量、增加土壤肥力、促进植物生长，抑制有害微生物繁殖、减少土壤污染和增加土壤中有益微生物数量的作用。这说明 Cry1Ac-Mg(OH)$_2$ 蛋白复配物和 Bt Cry1Ac 蛋白能够改善土壤微生物的组成和功能，促进植物生长。

综上，纳米 Mg(OH)$_2$ 被选作一种高效的生物安全载体负载 Bt Cry 蛋白

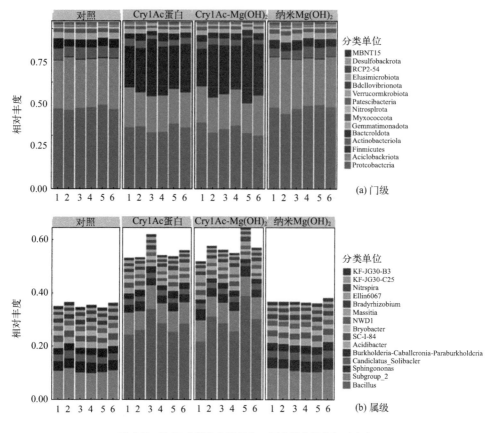

图 8-7 前 15 个微生物区系在不同分类水平的相对丰度

用以防治茶园鳞翅目害虫茶尺蠖。纳米 $Mg(OH)_2$ 与 Cry1Ac 蛋白通过分子间作用力结合，形成了规则均匀的纳米片复合材料。纳米 $Mg(OH)_2$ 提高了 Cry1Ac 蛋白的杀虫活性，增强了 Cry1Ac 蛋白对肠道上皮细胞的损伤程度，增加了 Cry1Ac 蛋白的降解，并在中肠诱导产生了更多的活性氧，这导致了对茶尺蠖有更高的杀虫活性。此外，喷洒的纳米 $Mg(OH)_2$ 能够黏附在茶叶表面并被运输到茶树的根和茎组织中。生物安全实验表明，纳米 $Mg(OH)_2$ 对微生物、植物、鱼类的生长和种子发芽没有显著的不良影响。所有结果表明，纳米 $Mg(OH)_2$ 是一种优异的纳米载体，可以提高 Bt 生物农药的生物活性（图 8-9）。因此，纳米 Bt 生物农药有潜力成为害虫控制的良好选择。

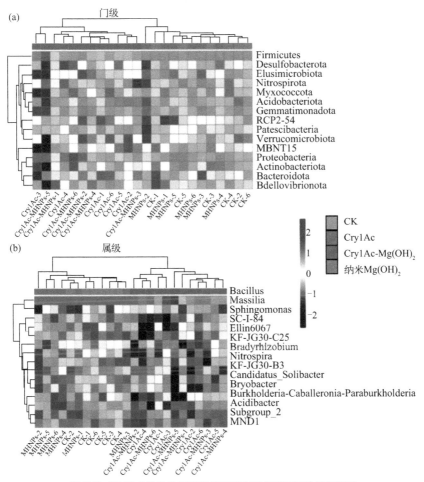

图 8-8 前 15 个微生物区系根据相对丰度水平展示的结构热图

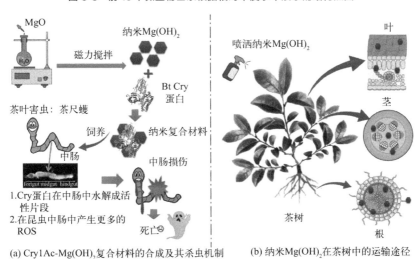

(a) Cry1Ac-Mg(OH)$_2$ 复合材料的合成及其杀虫机制　(b) 纳米 Mg(OH)$_2$ 在茶树中的运输途径

图 8-9　纳米 Mg(OH)$_2$ 用作传递 Bt Cry 蛋白以对抗茶园害虫的高效载体

# 第二节
# 纳米材料提高 Bt 生物农药抗紫外性能应用实例

## 一、紫外线对 Bt 制剂的影响及其应对措施

Bt 是一种革兰氏染色阳性细菌，用于毒杀包括鳞翅目（Lepidoptera）、鞘翅目（Coleoptera）、双翅目（Diptera）等害虫，以及线虫和螨类等，是目前世界上研究最深入、产量最大、应用最广的微生物杀虫剂之一。虽然生物农药 Bt 具有选择性强、对环境兼容性好、生物降解无残毒、害虫不易产生抗药性等优点，但在施用过程中由于仍存在有效成分易降解以及光照、温湿度和雨水等自然条件的影响，其具有效价不稳定、速度慢且不能抗紫外照射等缺点，从而制约了其发展[3]。当前 Bt 制剂在田间应用易受紫外照射而持效期短，7 天左右即失去活性，已成为制约该杀虫剂发展的瓶颈以及难题。

直射阳光能显著影响 Bt 制剂的田间药效期，且日平均温度越高，晶体蛋白失活速度越快。进一步研究认为，太阳光中的紫外线（UV）是降低 Bt 制剂田间防治效果的首要原因。紫外线大致可分为短波紫外线（UVC）、中波紫外线（UVB）及长波紫外线（UVA）。短波紫外线被大气中的臭氧层所吸收，而到达地球表面的紫外线主要是长波紫外线（>90%）及少量的中波紫外线，两者对昆虫病原微生物都具有损害作用。紫外辐射对 Bt 的损伤机制可能是由紫外线照射氨基酸后产生的过氧化氢或过氧化基以及产生活性氧自由基危害因子所致。紫外辐射对伴胞晶体蛋白结构的破坏与活性氧的产生密切相关，活性氧对蛋白质的损伤主要通过以下几种方式：①修饰氨基酸，使蛋白质变性，从而导致蛋白质功能丧失；②—OH 使蛋白质肽链断裂；③形成蛋白质交联聚合物，从而降低其溶解性能。

近年来，由于环境污染加剧、臭氧层被破坏等，大气中紫外线含量大大增加。因此增强 Bt 抗紫外能力尤为必要。目前常见抗紫外线方法主要有以下几个方面：①使用紫外线吸收剂如黑色素、着色剂和荧光增白剂等，可明显提高 Bt 抗紫外能力；②筛选、培育抗紫外线的菌株；③改变剂型，如微型胶囊剂等包裹制剂。纳米载药粒子具有农药缓释功能，能够保护环境敏感性农药，控制药物的释放速度，延长持效期，减少淋溶及分解等药效损失。有研究表明，

将纳米材料（介孔活性炭、纳米 $CaCO_3$）应用于阿维菌素、井冈霉素等生物农药，可以提高其生物活性、缓释和稳定性等生物效能。纳米硅颗粒可以通过静电吸附和共价连接与 Cry 蛋白和几丁质酶结合，从而增强杀虫活性。装载有纳米硅颗粒的蛋白质对秀丽隐杆线虫显示出了高水平的毒性。而 Bt 与纳米 $MnO_2$ 复配前后对棉铃虫的毒杀效果发现，两者复配后增强了 Bt 的毒杀效果，同时也较好地增强了 Bt 抗紫外线能力并延长其残效期[4]。将 Cry1Aa 杀虫蛋白吸附在蒙脱土和高岭土上，系统地研究了 Cry1Aa 浓度、溶液 pH 值和离子强度对吸附的影响，以及 Cry1Aa 毒素单体与蒙脱石的吸附情况，发现吸附后可以防止 Cry1Aa 蛋白的寡集聚，因而表现出更好的杀虫效果，这表明 Cry1Aa 蛋白在吸附的过程中蛋白质维持很高的构象稳定性。也有研究利用碱溶解法获得 Bt 工程菌 WG-001 的杀虫蛋白，将杀虫蛋白吸附在纳米级的胶体矿物如氧化硅上，经生物测定发现这种胶体-杀虫蛋白复合物比原蛋白显示出更高的杀虫活性[5]。表明 Bt 与纳米材料进行复配后，在一定程度上可以提高某方面的生物性能。

纳米 $Mg(OH)_2$ 具有颗粒尺寸小、对人体无毒等特点，广泛用作水处理剂、抗菌剂等。此外纳米 $Mg(OH)_2$ 也可以增强药物的稳定性和生物通透性，提高药物利用率，并延长其持效期，因为它们具有高比表面积、强吸附能力和电性能。因此，以纳米 $Mg(OH)_2$ 为载体，构建纳米 $Mg(OH)_2$ 负载 Bt Cry 蛋白。系统研究 Bt Cry 蛋白与纳米材料的吸附过程，确定二者负载的最优条件，分析二者的吸附理论，分析负载前后结构的稳定性、二者的结合方式和抗紫外性能的变化，并从负载纳米 $Mg(OH)_2$ 前后 Bt Cry 蛋白对供试昆虫中肠上皮组织破坏程度的差异来研究纳米 $Mg(OH)_2$ 对 Bt Cry 蛋白增效的作用，充分发挥纳米技术在农药制剂中的使用价值，为发展高效和安全的纳米 Bt 生物农药提供科学依据和技术支撑。

## 二、纳米氢氧化镁与 Bt Cry 蛋白载药系统开发思路

### 1. 纳米 $Mg(OH)_2$ 和 Cry11Aa 晶体蛋白的制备与表征

纳米 $Mg(OH)_2$ 是通过 $MgCl_2 \cdot 6H_2O$ 和 NaOH 共沉淀法制备的。称 7g $MgCl_2 \cdot 6H_2O$ 倒入 50mL 烧杯中，加入约 10mL 去离子水，搅拌溶解。称 2.7586g NaOH 到另外一 50mL 烧杯中，加入约 10mL 去离子水搅拌溶解。用胶头滴管将 NaOH 溶液滴加到含 $MgCl_2$ 的烧杯中，并将此烧杯放在磁力搅拌机上不断搅拌过夜。样品 10000r/min 离心 5min，取沉淀，后用去离子水将悬浮液洗涤三次，10000r/min 离心 5min，取沉淀。将离心好的沉淀用 50mL 已灭菌离心管分装好，放于 55℃烘箱中烘干 48h。将烘干的样品放于玛瑙研钵

中研磨至细粉。将粉末分装在 50mL 已灭菌离心管中，在干燥瓶里保存。

Cry11Aa 晶体蛋白的制备步骤为：将 Bt LLP29 甘油菌用接种针在固体 LB 平板上划线，培养至产生单斑（约 12h），后挑单斑于 5mL LB 试管，30℃，250r/min 摇床过夜。保菌放于-80℃下保存。过夜培养的菌液按 1% 接种至 PM 培养基，30℃、250r/min 摇床发酵培养 3~4d，镜检，直至大部分 Bt 菌体释放出芽孢和晶体。50mL 已灭菌离心管分装培养液，4℃、12000r/min 离心 15min，弃上清。1mol/L NaCl 溶液洗涤沉淀，4℃、12000r/min 离心 15min，弃上清，重复 3 次。无菌水洗涤沉淀，4℃、12000r/min 离心 10min，弃上清，重复 3 次。用 20mL 溶液 I [50mmol/L $Na_2CO_3$/HCl，10mmol/L 二硫苏糖醇（DTT），pH 9.5] 溶解沉淀，12000r/min 离心 15min，取上清，用玻璃锥形瓶装。向锥形瓶中滴加 1:3 稀释的冰醋酸，同时用玻璃棒不停地搅动，直至有胶状沉淀析出，调节 pH 至 4.6~4.8，4℃ 静置约 12h。将收集到的沉淀分装到新的 50mL 已灭菌离心管，12000r/min 离心 10min，倒掉上清，收集沉淀。无菌水洗涤沉淀，4℃、12000r/min 离心 10min，重复 3 次。用 50mmol/L $Na_2CO_3$ 溶液溶解沉淀，使其刚好溶解，离心除去不溶物。将上清分装，-20℃保存。

利用 X-射线粉末衍射（XRD）和扫描电镜（SEM）对纳米 $Mg(OH)_2$ 的尺寸和形貌进行观察和分析，使用 X 射线能谱分析（EDS）观察纳米 $Mg(OH)_2$ 与 Cry 蛋白负载后复配物存在的元素信号。使用 Malvern Zetasizer ZS90 仪器在 50mmol/L 柠檬酸盐缓冲液中测量纳米颗粒在 Cry 蛋白（浓度为 0.53mg/mL）负载前后的 ζ-电位及其在溶液中的分布尺寸。

**2. 纳米氢氧化镁的稳定性质分析**

(1) pH 耐受性实验　1mL MES（$C_6H_{13}NO_4S$）培养基（30mmol/L，pH=5.6，模拟自然环境）在室温下轻轻搅拌时加入置于 2mL 离心管的纳米 $Mg(OH)_2$ 中，每 12h 收集一次上清液，并用新鲜的 MES 培养基替换七次。监测 pH 值，并测量纳米 $Mg(OH)_2$ 的初始和最终质量。

(2) 热重分析（TGA）　使用 STA449C 型热分析仪（Netzsch 公司）在氩气氛围下记录纳米 $Mg(OH)_2$ 的 TGA，温度范围为 27~1000℃，加热速率为 10℃/min。

(3) 抗紫外辐射能力　将纳米 $Mg(OH)_2$ 放置在距离紫外线灯前表面 30cm 的直线距离上，辐射 18h（每次 4.5h 紫外辐射，共四次）。辐射后，使用 XRD 和傅里叶变换红外光谱（FT-IR）分析样品，以确定纳米 $Mg(OH)_2$ 可能的结构变化。使用 PANalytical X' Pert PRO 衍射仪和 Cu Kα 辐射（40 kV，40mA）在连续扫描模式下识别 XRD 图案。2θ 扫描范围为 5°~85°，每步

0.017°，收集时间为每步 20s。根据谢勒方程从峰宽确定平均晶粒尺寸。使用 Thermo Nicolet iS50 光谱仪通过 KBr 压片法记录 4000～400cm$^{-1}$ 范围内的 FT-IR 光谱。

### 3. 纳米氢氧化镁对 Bt 杀虫蛋白的负载

将 3.0mg 纳米 $Mg(OH)_2$ 悬浮在 300μL 双重蒸馏水中。向悬浮液中加入 $Na_2CO_3$ 中的 Cry11Aa 样品，并在 4℃下超声处理 30min。通过离心收集颗粒。装载后，通过离心（离心力 10000g，10min）提取上清液和沉淀物，上清液为残留的 Cry11Aa 蛋白，沉淀物为装载 Cry11Aa 的纳米 $Mg(OH)_2$。通过从添加到样品中的 Cry11Aa 总量中减去残留 Cry11Aa 的量来计算装载到纳米 $Mg(OH)_2$ 上的 Cry11Aa 的量。以牛血清白蛋白作为标准，在 595nm 波长下通过 Bradford 方法测定蛋白浓度。

将 2mL Cry11Aa 蛋白与 0.02g 纳米 $Mg(OH)_2$ 放于 5mL 的玻璃瓶中，投入磁力搅拌子，在超声清洗仪中（120W）搅拌，温度控制在 4℃，分别在 0min、20min、40min、60min、90min、120min、240min 取适量蛋白混合物离心，每个时间点取三个重复样，离心条件：10000r/min 4℃，5min。取上清测蛋白的吸光值，将各个时间段的吸光值与吸附前的吸光值进行比较计算出 Cry11Aa 蛋白吸附量（$Q$）。

根据上述实验得出，时间 90min 为纳米 $Mg(OH)_2$ 和 Cry11Aa 蛋白最适负载时间，所以在以下实验中，均控制负载时间为 90min。共设计 6 个不同浓度配比的量，分别为 A：Cry11Aa 蛋白：纳米 $Mg(OH)_2$＝2mL：0.01g；B：Cry11Aa 蛋白：纳米氢氧化镁＝1mL：0.01g；C：Cry11Aa 蛋白：纳米氢氧化镁：DDW＝0.5mL：0.5mL：0.01g；D：Cry11Aa 蛋白：纳米 $Mg(OH)_2$：DDW＝0.25mL：0.75mL：0.01g；E：Cry11Aa 蛋白：纳米 $Mg(OH)_2$：DDW＝0.125mL：0.875mL：0.01g；F：Cry11Aa 蛋白：纳米 $Mg(OH)_2$：DDW＝0.10mL：0.90mL：0.01g，重复三次。将样品置于 5mL 的玻璃瓶中，加入磁力搅拌子，在超声清洗仪中（120W）搅拌。取样，离心条件同上。收集上清，测蛋白的吸光值，将不同蛋白量的样品的吸光值进行比较，计算出 Cry11Aa 蛋白吸附量（$Q$）。

移取 100μL 晶体蛋白 Cry11Aa 于搅拌瓶中，加入纳米 $Mg(OH)_2$ 0.01g，取 9 份，蛋白原始浓度是 0.57mg/mL。分别置于 3 个不同温度下，即 20℃、25℃、30℃，每种温度三次重复，磁力搅拌 90min 后，取样，离心速度与同上。取上清蛋白测其吸光值，将各个时间的样品的吸光值进行比较，计算出 Cry11Aa 蛋白吸附量（$Q$）。

### 4. 抗紫外线和生物活性测定

吸取 2mL Bt Cry 蛋白到 100mL 烧杯中，另外取一个 100mL 烧杯，吸取 2mL Bt Cry 蛋白于其中，并称 0.02g Mg(OH)$_2$ 到此烧杯中，充分溶解。将两烧杯都放于超声清洗仪（120W）室温下不断搅拌 2h。分别从中各取 1mL 到 1.5mL EP 管中，置于 254nm 紫外灯 30cm 处照射 4.5h。照射完，4 ℃、10000r/min 离心 5min，分别收集上清液和沉淀。

同时，以江苏省疾病预防控制中心先前提供的库纹（*Culex quinquefasciatus*）为靶标对象，对制备得到的样品进行生物活性测试。向每个烧杯放置 25 只Ⅲ龄致倦库蚊幼虫用于生物测定，取 Cry 蛋白原液、Cry 蛋白搅拌和 Cry 蛋白与 Mg(OH)$_2$ 搅拌、Cry 蛋白搅拌后紫外照射和 Cry 蛋白与 Mg(OH)$_2$ 搅拌后紫外照射。每个样都设定浓度 100.0μg/mL、300.0μg/mL 和 600.0μg/mL，每个浓度 3 次重复。生物测定在相对湿度 80%、温度 25℃、光照 14h/d 的室内进行，观察并记录 12h 和 24h 后幼虫的死亡数。计算死亡率，死亡率（%）=（死亡虫数/样品总虫数）×100%。此外，使用统计参数通过 SPSS（版本 17.0）分析估计了平均 50% 致死浓度（LC$_{50}$）和 95% 置信区间（CI）。

### 5. 库蚊肠道蛋白酶提取及 Cry11Aa 体外水解

使用 Cry11Aa 蛋白原液、纳米 Mg(OH)$_2$ 和 Mg(OH)$_2$ 负载 Cry11Aa 蛋白，于 25℃下，处理致倦库蚊Ⅳ龄幼虫 14h 后，收集存活的致倦库蚊Ⅳ龄幼虫作为处理组，同时设置同条件下只加水处理的致倦库蚊Ⅳ龄幼虫为对照组。取四组致倦库蚊幼虫，以解剖针在体视显微镜下进行解剖获取库蚊幼虫中肠组织。

取 100μL PBS 缓冲液到 1.5mL EP 管内，用胶头滴管吸取库蚊幼虫于培养皿中，放置于体视显微镜下。滤纸吸干多余液体后，以解剖针解剖幼蚊中肠。中肠解剖后迅速将中肠转移至 1.5mL 的 EP 管中。中肠数达 20 条/管时即刻从冰上取出，用于进行透射电镜观察。

将 Cry11Aa 蛋白：胰蛋白酶＝8:1；Cry11Aa 蛋白＋纳米 Mg(OH)$_2$：肠液＝10:1；Cry11Aa 蛋白：肠膜＝10:1；Cry11Aa 蛋白＋纳米-Mg(OH)$_2$：肠膜＝10:1 按比例混合，置于 PCR 中 37℃孵育 4h、8h 和 16h，各取 30μL 样品进行 SDS-PAGE 分析。

### 6. 昆虫肠道透射电子显微镜（TEM）观察

通过 TEM 来观察用不同处理样品饲喂的致倦库蚊幼虫的肠组织。

① 固定：先用 2.5% 戊二醛固定 2h 以上；然后用磷酸盐缓冲液（PBS，0.1mol/L，pH7.0）漂洗三次，15min/次；再以 1% 锇酸固定 2～3h。控制用

量，固定液只需盖过样品即可。滴加锇酸前需先加入几滴 PBS，锇酸固定必须在通风柜中进行。最后以磷酸盐缓冲液（PBS，0.1mol/L，pH7.0）漂洗 3 次，15min/次。

② 脱水：通过浓度梯度乙醇（50％、70％、90％、95％和 100％）和 90％乙醇：90％丙酮＝1：1 混合液以及 90％丙酮在 4℃脱水 15～20min；最后再以 100％丙酮室温脱水 15～20min，每次重复 3 次。

③ 包埋：以纯丙酮：包埋液＝2：1（体积比）混合后室温处理 3～4h，后按纯丙酮：包埋液＝1：2 混合后室温处理过夜；纯包埋液 37℃处理 2～3h。

④ 固化：37℃烘箱内处理过夜，45℃烘箱内处 12h，60℃烘箱内处理 24h。

⑤ 超薄切片机 50～60 nm 切片。

⑥ 染色 5～10min，在预处理过的铜网上进行观察，拍片。

## 三、纳米氢氧化镁和 Cry 蛋白的表征

SEM 的结果表明，纳米 $Mg(OH)_2$ 为较规则的片状结构且分散性较好［图 8-10（a）］。而纳米 $Mg(OH)_2$ 负载 Cry 蛋白后，其形貌有一定的变化，但仍保持片状结构［图 8-10（b）］。能谱分析发现纳米 $Mg(OH)_2$Bt Cry 蛋白负载后的样品与除了 Mg、O、Cl 和 Na 等元素外，还有 C、N 和 S 等元素信号存在［图 8-10（b）］。这说明纳米 $Mg(OH)_2$ 可能负载了 Bt Cry 蛋白。此外，通过 SDS-PAGE 分析经纳米 $Mg(OH)_2$ 负载前后的 Cry 蛋白［图 8-10（c）］，Cry11Aa 蛋白的分子量在装载到纳米 $Mg(OH)_2$ 后，在 68 kDa 处的蛋白条带变淡，这一结果也证实了 Cry11Aa 被装载到了纳米 $Mg(OH)_2$ 上。同时，监测纳米 $Mg(OH)_2$ 在水中的团聚状态，发现纳米 $Mg(OH)_2$ 尺寸分布良好，平均粒径为 287.3 nm［图 8-10（d）］，表明合成的纳米 $Mg(OH)_2$ 在纳米级别上保持了相对稳定的状态，在水中聚集较少。

## 四、纳米氢氧化镁的稳定性评估

前期研究报道纳米 $Mg(OH)_2$ 由于其特殊的物理化学性质，如高的能量存储密度、无毒性和安全性，被认为是一种环境友好型材料。为了评估制备的纳米 $Mg(OH)_2$ 在 Bt 蛋白传递系统中的稳定性，对纳米 $Mg(OH)_2$ 的 pH 耐受性、热稳定性和抗紫外线辐射能力进行了全面的评估。研究发现，在七个周期中 pH 值没有明显变化［图 8-11（a）］，纳米 $Mg(OH)_2$ 的重量略有减少［图 8-11（b），从 0.01g 减少到 0.0078g］。结果表明，纳米 $Mg(OH)_2$ 能够耐受自然环境中的 pH 变化，这表明纳米 $Mg(OH)_2$ 具有持久性。同时，MES 培

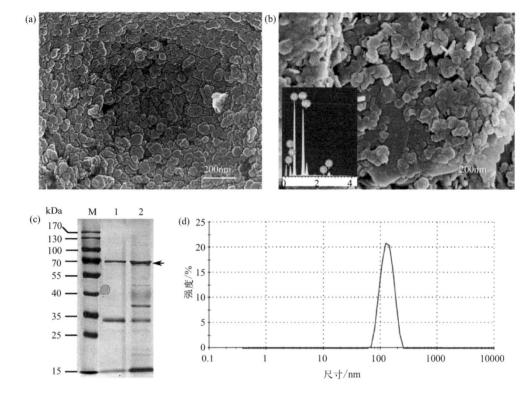

图 8-10 纳米 Mg(OH)$_2$ 的表征以及 Cry11Aa 在 Mg(OH)$_2$ 上的负载
(a) 纳米 Mg(OH)$_2$ 的 SEM 图像;(b) Cry11Aa-Mg(OH)$_2$ 的 SEM 图像与 EDS 分析(左下角);
(c) Cry11Aa 负载氢氧化镁前后的 SDS-PAGE 分析[M—预染色蛋白 Marker;1—Cry11Aa-Mg(OH)$_2$;
2—Cry11Aa 蛋白];(d) Mg(OH)$_2$ 在水中的尺寸分布

养基中 Cry11Aa-Mg(OH)$_2$ 的 pH 值[图 8-11(a)]在七个周期中略有变化(从 10.22 变为 8.93),并且在七个周期中 Cry11Aa 在培养基中的解吸率仅为 31.5%。这一结果也暗示了 Cry11Aa 可以有效地装载到纳米 Mg(OH)$_2$ 上,纳米 Mg(OH)$_2$ 是一种稳定的纳米载体。

图 8-11(c)显示了纳米 Mg(OH)$_2$ 的 TGA 分析。结果表明,在 300℃ 时纳米 Mg(OH)$_2$ 的质量损失可能归因于纳米 Mg(OH)$_2$ 中水分的丧失。此外,在 300~411℃ 的温度范围内,纳米 Mg(OH)$_2$ 的质量损失约为 27.83%,这可能是由于氢氧化镁的分解及随后转化为 MgO 所致[6]。通过 XRD 和 FT-IR 评估了纳米 Mg(OH)$_2$ 的抗紫外辐射能力。XRD 分析的结果[图 8-11(d)]表明,在经过 18h 紫外辐射后,纳米 Mg(OH)$_2$ 在(101)方向上的尺寸略有变化[从(12.0±0.5)nm 变为(14.7±0.8)nm],但所有衍射峰均未发生明显偏移。同时,纳米 Mg(OH)$_2$ 的 FT-IR 谱图[图 8-

11(e)]在紫外辐射前后均无明显变化。这表明纳米 $Mg(OH)_2$ 具有超强的抗紫外辐射能力。

此外，先前的研究表明，纯 $Mg(OH)_2$ 材料具有相对较高的热存储容量（690 kJ/kg），并且 $CO_2$ 在热存储和释放过程中可以与 MgO 和 $Mg(OH)_2$ 轻微反应。前人的结果也表明，$Mg(OH)_2$ 表现出良好的存储稳定性。总体而言，纳米 $Mg(OH)_2$ 将是一个有效的纳米载体，用于高效稳定地传递杀虫晶体蛋白。

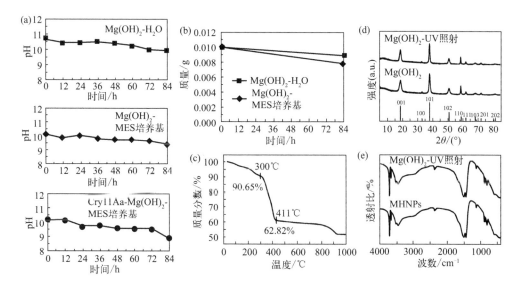

图 8-11 纳米 $Mg(OH)_2$ 稳定性质分析

(a) 使用 MES 培养基、$H_2O$ 处理的 $Mg(OH)_2$ 的 pH 值以及 MES 培养基中 Cry11Aa-$Mg(OH)_2$ 的 pH 值；(b) $Mg(OH)_2$ 在 MES 培养基和 $H_2O$ 处理前后的重量；(c) $Mg(OH)_2$ 的 TGA 分析；(d) $Mg(OH)_2$ 在紫外辐射前后的 XRD 图［垂直线为 $Mg(OH)_2$ 的标准卡片（JCPDF044-1482）］；(e) $Mg(OH)_2$ 在紫外辐射前后的 FT-IR 谱图

## 五、纳米氢氧化镁对 Bt 杀虫蛋白的负载机制

为了评价纳米 $Mg(OH)_2$ 对 Bt 蛋白的吸附量和吸附力，图 8-12 显示蛋白平衡浓度与吸附量的关系曲线。其中，点为实验得到的数据，曲线是根据两个常用的吸附等温线模型（Langmuir 和 Freundlich）非线性拟合得到的结果。从表 8-1 可以看出，纳米 $Mg(OH)_2$ 对 Bt 蛋白的吸附符合 Langmuir 和 Freundlich 吸附（$R^2=0.98$），并且饱和时的吸附量为 100.2mg/g。同时，纳米 $Mg(OH)_2$ 对 Bt 蛋白有较强的吸附力（$b$ 值为 15.74），而 Freundlich 模型中的参数 $n$ 为 1.59，值位于 1～10 之间，表明纳米 $Mg(OH)_2$ 对 Bt 蛋白的吸附

是有利吸附。

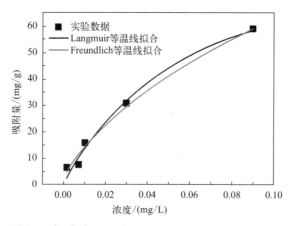

图 8-12 纳米 $Mg(OH)_2$ 与 Bt 蛋白 Langmuir 和 Freundlich 吸附等温线拟合

表 8-1 Langmuir 和 Freundlich 拟合的相关参数信息

| | $Q^0$/(mg/g) | | $b$/(L/mg) | | $R^2$ |
|---|---|---|---|---|---|
| Langmuir | 值 | 标准误差 | 值 | 标准误差 | 0.98 |
| | 100.20 | 16.95 | 15.74 | 5.12 | |
| | $k$ | | $n$ | | $R^2$ |
| Freundlich | 值 | 标准误差 | 值 | 标准误差 | 0.98 |
| | 270.54 | 44.40 | 1.59 | 0.14 | |

从图 8-13（a）可以看出，纳米 $Mg(OH)_2$ 对 Bt 蛋白的吸附为快速的吸附过程，在前 2h 基本达到吸附平衡，并且最大的吸附量为 60.6mg/g。同时，对其吸附过程进行了准一级［图 8-13（b）］和准二级［图 8-13（c）］动力学拟合，并且在表 8-2 中列出了相关的拟合参数信息。从 $R^2$ 值可以看出，二者之间的吸附符合准一级和准二级动力学吸附。而通过准一级和准二级拟合得到的蛋白吸附量分别为 62.30mg/g 和 75.36mg/g，这和实验数据 60.6mg/g 很接近。

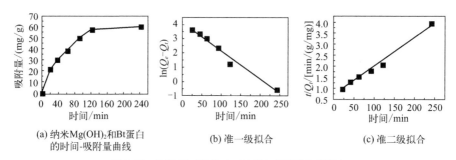

(a) 纳米$Mg(OH)_2$和Bt蛋白的时间-吸附量曲线

(b) 准一级拟合

(c) 准二级拟合

图 8-13 纳米 $Mg(OH)_2$ 与 Bt 蛋白吸附动力学研究

表 8-2　准一级和准二级拟合的相关参数

| 模型 | 吸附量 $Q_e$/(mg/g) | $k$/[g/(mg·min)] | $R^2$ |
|---|---|---|---|
| 准一级动力学 | 62.30 | 0.0198 | 0.975 |
| 准二级动力学 | 75.36 | $2.56\times10^{-4}$ | 0.986 |

吸附热力学的分析有利于判断吸附过程是否是自发的，是吸热还是放热。热力学参数可以通过不同温度下的吸附实验获得。热力学参数 $\Delta H$ 和 $\Delta S$ 可以通过 Van't Hoff 方程求得。而热力学参数 $\Delta G$ 可以通过 Gibbs-Helmholtz 方程求得。从图 8-14 可以看出，当温度从 20℃ 上升到 30℃ 时，纳米 $Mg(OH)_2$ 对 Bt 蛋白的吸附量从 16.31mg/g 增加到 37.08mg/g。从表 8-3 可以看出，$\Delta G$ 为负值，这表明吸附是自发的过程。同时，$\Delta H$ 的值也是负值，这表明吸附是放热的反应。随着温度的升高 $\Delta G$ 的值变小，表明升高温度有利于吸附。此外，当进一步升高温度至 50℃ 和 60℃ 时，纳米 $Mg(OH)_2$ 对蛋白的吸附量从 23.95mg/g 下降到 3.13mg/g，这表明太高的温度也不利于吸附，有可能是在高温的条件下蛋白发生了降解。因而两者的吸附应该控制在合适的温度范围内。

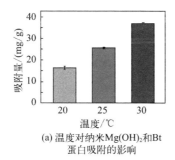
(a) 温度对纳米$Mg(OH)_2$和Bt蛋白吸附的影响

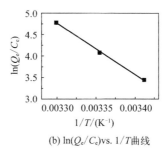
(b) $\ln(Q_e/C_e)$ vs. $1/T$ 曲线

图 8-14　纳米 $Mg(OH)_2$ 与 Bt 蛋白吸附热力学研究

表 8-3　吸附热力学相关参数信息

| 焓 $\Delta H$/(kJ/mol) | 熵 $\Delta S$/[J/(mol·K)] | 吉布斯自由能 $\Delta G$/(kJ/mol) | | |
|---|---|---|---|---|
| | | 293K | 298K | 303K |
| −98.63 | 365.07 | −205.60 | −207.42 | −209.25 |

## 六、纳米氢氧化镁对 Bt 蛋白抗紫外线和杀虫生物活性的影响

紫外线照射会导致 Cry 蛋白的杀虫活性降低或丧失。因此，对 Cry11Aa 负载到纳米 $Mg(OH)_2$ 前后的抗紫外线活性进行评估，以验证纳米 $Mg(OH)_2$ 对 Bt 蛋白的保护效果。图 8-15（a）显示，与对照组（第 2 道）相比，Cry11Aa 蛋白在紫外辐射下部分降解（第 3 道），而 Cry11Aa-$Mg(OH)_2$ 的蛋

白条带在紫外辐射后仍然清晰（第 5 道）。同时，通过 Bradford 方法比较了不同处理组中蛋白降解的程度。图 8-15（b）展示了 Cry11Aa-Mg(OH)$_2$ 的蛋白浓度在 4.5h 紫外辐射后有所下降（从 0.36mg/mL 降至 0.30mg/mL，$p<0.05$），蛋白降解率仅为 16.67%，表明 Cry11Aa 在紫外辐射后只是轻微降解。然而，Cry 蛋白的蛋白浓度在 4.5h 紫外辐射后显著下降（从 0.42mg/mL 降至 0.15mg/mL，$p<0.05$），蛋白降解率高达 64.29%，表明大部分纯蛋白在紫外辐射后被降解。这一结果暗示纳米 Mg(OH)$_2$ 能有效防止蛋白降解。

纳米 Mg(OH)$_2$ 的毒性实验表明，即使在高浓度（10mg/mL）下，合成的纳米 Mg(OH)$_2$ 对库蚊在 72h 内也没有明显的杀虫毒性。此外，杀虫实验表明，Cry11Aa-Mg(OH)$_2$ 在 4.5h 紫外辐射后对库蚊的致死率更高［图 8-15（c）］。

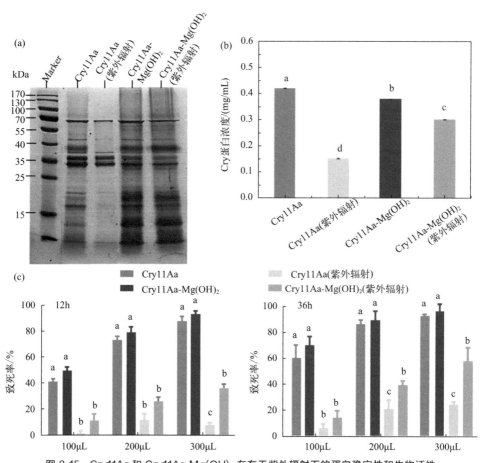

图 8-15 Cry11Aa 和 Cry11Aa-Mg(OH)$_2$ 在有无紫外辐射下的蛋白稳定性和生物活性
(a) 对 Cry11Aa 在 4.5h 紫外辐射前后的 SDS-PAGE 分析；(b) 不同处理组中蛋白降解程度
(Cry 蛋白浓度通过 Bradford 方法测定)；(c) 对库蚊的杀虫活性测试。不同处理方式
下幼虫被喂食 Cry11Aa 12h（左）和 36h（右）时死亡率

例如，Cry11Aa 的致死率从 87.78% 显著下降到 8.34%（12h，$p<0.05$），而 Cry11Aa-Mg(OH)$_2$ 的致死率仅从 95.58% 下降到 36.67%（$p<0.05$）。同时，紫外辐射后 Cry11Aa 和 Cry11Aa-Mg(OH)$_2$ 之间的死亡率有显著差异（$p<0.05$），表明 Mg(OH)$_2$ 可以保护 Cry11Aa 免受紫外辐射。

此外，与 Cry11Aa 相比，Cry11Aa-Mg(OH)$_2$ 显示出更低的 LC$_{50}$（表 8-4），这可以归因于更多的 Cry11Aa 蛋白在装载到 Mg(OH)$_2$ 上时没有被降解，从而活性更高。此外，还发现 Cry11Aa-Mg(OH)$_2$（LC$_{50}$=13.4μg/mL）在紫外辐射后对库蚊的活性显著高于 Cry11Aa（LC$_{50}$=26.5μg/mL）（后者约为前者的 2 倍，且二者的 95% 置信区间没有重叠）。因此，纳米 Mg(OH)$_2$ 能有效保护蛋白并增强杀虫生物活性，表明其具有作为紫外线保护剂的潜在应用价值（就像穿了一层衣服）。

表 8-4 Cry11Aa 和 Cry11Aa-Mg(OH)$_2$ 在紫外辐射前后对库蚊的 LC$_{50}$ 统计参数

| 样品 | 12h | | | 36h | | |
|---|---|---|---|---|---|---|
| | LC$_{50}$ (95% CI, μg/mL) | 斜率 | $\chi^2$ | LC$_{50}$ (95% CI, μg/mL) | 斜率 | $\chi^2$ |
| Cry11Aa | 10.8 (9.3～12.5) | 6.31 | 2.57 | 8.6 (5.4～9.6) | 6.97 | 1.79 |
| Cry11Aa（紫外辐射） | 32.5 (24.3～74.7) | 5.21 | 2.02 | 26.5 (20.2～54.3) | 5.01 | 1.80 |
| Cry11Aa-Mg(OH)$_2$ | 5.2 (3.2～6.3) | 5.05 | 1.00 | 6.7 (5.5～7.2) | 9.20 | 6.67 |
| Cry11Aa-Mg(OH)$_2$（紫外辐射） | 23.5 (17.8～66.4) | 4.09 | 0.40 | 13.4 (11.3～17.1) | 6.49 | 2.02 |

## 七、昆虫肠道蛋白酶对 Cry11Aa 和 Cry11Aa-Mg(OH)$_2$ 的体外水解

为阐明 Cry11Aa 和 Cry11Aa-Mg(OH)$_2$ 的生物活性，进行了蛋白水解实验（图 8-16）。研究孵育 4h、8h 和 16h 的按比例混合的 Cry11Aa 晶体蛋白、纳米 Mg(OH)$_2$ 与三龄致倦库蚊幼虫的中肠组织的混合物，进行 SDS-PAGE 检测，Cry11Aa 晶体蛋白可以被胰蛋白酶降解为 32kDa 和 34kDa 两个活性片段（条带 3），同时 Cry11Aa 晶体蛋白也可以被肠液降解为两个活性片段，且负载了纳米 Mg(OH)$_2$ 的蛋白晶体降解程度更加严重，甚至导致处于 68kDa 部分的蛋白条带完全消失（条带 5）。与此同时，加入肠膜处理的蛋白降解情况与加入肠液的蛋白极为相似（条带 6、条带 7）。对于在孵育 4h、8h 和 16h 的蛋白样品在 SDS-PAGE 上呈现的条带状况没有明显的差别。由此可以得出，纳米 Mg(OH)$_2$ 加剧了 Cry11Aa 蛋白晶体的降解成为活性片段，提高了蛋白的杀虫活性。

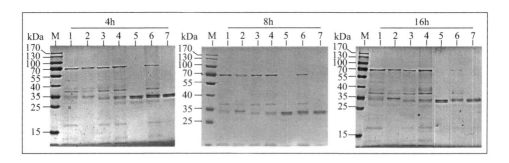

图 8-16　不同处理 Cry11Aa 蛋白晶体的酶解 SDS-PAGE 图

M—Marker；1—Cry11Aa；2—Cry11Aa-Mg(OH)$_2$；3—Cry11Aa（胰蛋白酶）；4—Cry11Aa（肠液）；
5—Cry11Aa-Mg(OH)$_2$（肠液）；6—Cry11Aa（肠膜）；7—Cry11Aa-Mg(OH)$_2$（肠膜）

## 八、不同处理对肠道上皮细胞的破坏程度

前期的生物测定显示纳米 Mg(OH)$_2$ 可以显著影响 Cry 蛋白对致倦库蚊幼虫的毒性。在只加水处理的样品中，致倦库蚊幼虫的中肠上皮细胞没有受损[图 8-17（a）]，且微绒毛是完整的[图 8-17（b）]。当仅用纳米 Mg(OH)$_2$ 处理时，致倦库蚊幼虫的中肠上皮细胞仍保持完整形状[图 8-17（c）]，但微绒毛被轻微破坏[图 8-17（d）]，这意味着纳米 Mg(OH)$_2$ 对致倦库蚊幼虫没有明显的杀虫活性，这与之前的毒性生物测定结果一致。用 Cry11Aa 喂养后，其中肠上皮细胞没有明显变化[图 8-17（e）]，但观察到微绒毛有严重损伤[图 8-17（f）]。相比之下，纳米 Mg(OH)$_2$ 与 Cry11Aa 负载后使得致倦库蚊幼虫的中肠上皮细胞以及细胞壁的轮廓变得不清楚，细胞具有明显的裂解（箭头指示）[图 8-17（g）]，并且微绒毛也严重受损[图 8-17（h）]。因此，纳米 Mg(OH)$_2$ 可以增加 Bt Cry11Aa 蛋白对肠上皮细胞的损伤，这可能导致对致倦库蚊的高杀虫活性。

## 九、纳米氢氧化镁对 Cry 蛋白生物活性和抗紫外线能力可能的影响

基于上述发现，提出纳米 Mg(OH)$_2$ 对 Cry 蛋白生物活性和抗紫外线能力的影响模式图（图 8-18）。首先，纳米 Mg(OH)$_2$ 会被吸附在 Cry 蛋白的表面，能有效保护蛋白，从而具有抗紫外线的能力。其次，纳米 Mg(OH)$_2$ 能够增强 Cry 蛋白在中肠的蛋白水解，并加剧肠道上皮细胞的损伤，从而提高 Cry11Aa 的杀虫活性。然而，从分子或其他层面探讨纳米材料抗紫外线和协同杀虫生物活性的作用机制，还有待进一步深入的分析。

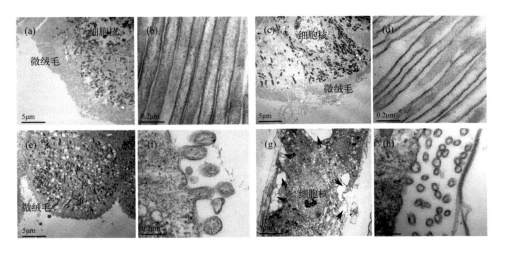

图 8-17　喂食纳米 Mg(OH)$_2$ 与 Cry11Aa 蛋白负载前后的致倦库蚊中肠
上皮细胞和微绒毛透射电镜图片（裂解细胞用箭头指示）

(a), (b) 用水喂养的致倦库蚊中肠上皮细胞和放大的微绒毛；(c), (d) 用纳米 Mg(OH)$_2$ 喂养的致倦库蚊中肠上皮细胞和放大的微绒毛；(e), (f) 用 Cry11Aa 蛋白喂养的致倦库蚊中肠上皮细胞和放大的微绒毛；(g), (h) 用纳米 Mg(OH)$_2$-Cry11Aa 蛋白喂养的致倦库蚊中肠上皮细胞和放大的微绒毛

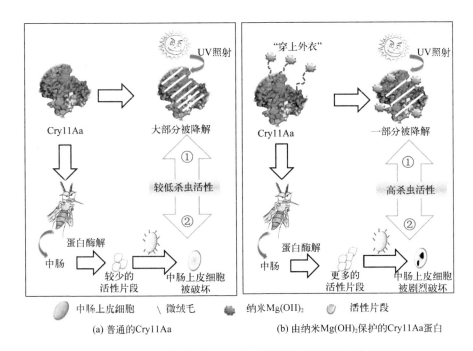

图 8-18　纳米 Mg(OH)$_2$ 对 Cry 蛋白生物活性和抗紫外线能力的影响

# 第三节
# 纳米材料提高 Bt 生物农药在叶片抗冲洗能力的应用实例

## 一、纳米氢氧化镁提高 Bt 抗冲洗性能设计

作为一种生物农药制剂，Bt 制剂在应用过程中除了受到紫外照射等不利环境条件的影响外，其也受到雨水冲刷等环境因素的影响，约有 90% 的农药通过雨水径流进入土壤，导致对目标害虫的有效期限缩短，并对非靶标生物产生不良影响[7]。从而使其活性物质进一步流失，制剂的防控效果变差。为了达到预期的效果，需要反复喷洒 Bt 制剂，但也导致其应用成本进一步提升。

纳米材料作为一种具有超常特性的材料，具有粒径小和吸附性能较强等优点，被广泛应用于农业的各个领域。报道显示，纳米材料能够通过物理吸附或化学吸附等方式吸附农药，形成的复合物能亲和黏附在植物叶片表面，形成抗冲洗层，从而降低农药有效成分因雨水冲洗而造成的损失。其中，作为一种碱性材料，纳米 $Mg(OH)_2$ 具有相对较强的吸附性能，能够吸附包括无机和有机污染物以及 Bt Cry 蛋白等物质，且其对细胞无明显毒性[8]，是一种绿色无害的优良纳米材料。因此，针对 Bt 应用中存在的问题，选用纳米 $Mg(OH)_2$ 作为抗冲洗介质，研究其与 Bt 活性成分的吸附行为，阐述其提高 Bt 活性成分抗冲洗能力的机理，并进一步验证纳米 $Mg(OH)_2$ 的安全性，为下一步开发稳定高效的绿色纳米 Bt 制剂提供理论基础。

### 1. 昆虫饲养

供试虫源为对 Cry1Ac 蛋白敏感的棉铃虫（*Helicoverpa armigera*）品系，饲养环境为：温度（27±1）℃，湿度（60±5）%，光周期（白天：黑夜）16h:8h。

### 2. Cry1Ac 蛋白的制备

取 100μL Bt HD73 菌液均匀涂布于 1/2 LB 培养基表面，在 30 ℃ 培养箱内培养 46~48h（经碱性复红染色液染色观察晶体蛋白释放情况，当大约有 90% 以上的晶体蛋白释放时，结束培养）。使用无菌卡片小心刮取培养基表面的产物于离心管中，加预冷的无菌水冲洗，以 8000r/min 转速离心 10min，收集产物，并用预冷的无菌 1mol/L NaCl 和蒸馏水分别清洗 3 次；然后，用预冷的裂解液分散收集的胞晶混合物，冰上裂解 4h；以 9500r/min 转速离心

20min，去除沉淀，得到溶解的晶体蛋白。往上清液中加入预冷的 4mol/L NaAc-HAc 缓冲液（pH 4.5，7mL/100mL 上清液），并加入预冷的无水乙酸调节 pH 至 4.5，冰上静置沉淀 1h；以 9500r/min 转速离心 30min，弃上清，并用预冷无菌水洗涤沉淀蛋白 3 次，最后溶解在 50mmol/L $Na_2CO_3$（pH 9.5）缓冲液中，置于 −80℃ 冰箱保存备用。Cry1Ac 蛋白的整个收集和纯化过程均要保持在 4℃ 低温条件下进行。

### 3. 纳米 $Mg(OH)_2$ 的合成

以轻质 MgO 水热法合成纳米 $Mg(OH)_2$。称取 3.5g 轻质 MgO，缓慢加入快速搅拌的 80℃ 蒸馏水中，加完后继续放置 4h。最后，离心收集产物（9500r/min，10min，25℃），用蒸馏水清洗 2 次，80℃ 烘干 12h。用玛瑙研钵研磨得到纳米 $Mg(OH)_2$，室温干燥保存。

### 4. Cry1Ac 蛋白与纳米 $Mg(OH)_2$ 的负载

为了研究纳米 $Mg(OH)_2$ 对 Cry1Ac 蛋白最佳负载量，1mL Cry1Ac 蛋白（1.52mg/mL）在 50mmol/L $Na_2CO_3$ 中以不同比例〔Cry1Ac 与纳米 $Mg(OH)_2$ 质量比为：1∶3.28，1∶6.56，1∶9.84，1∶13.12 和 1∶19.68〕负载到纳米 $Mg(OH)_2$ 上，然后在室温下将混合物在标准旋转混合仪器中搅拌 50min。收集悬浮液并在 4℃ 下以 16737g 离心 10min。根据上清液中的蛋白浓度，使用牛血清白蛋白（BSA）作为标准蛋白（Bradford 分析）来确定吸附率。此外，为了评估装载过程中 Cry1Ac 蛋白的稳定性，在上清液中残留的 Cry1Ac 蛋白通过 SDS-PAGE 进行分析。

### 5. 表征

利用透射电镜与扫描电镜观察纳米 $Mg(OH)_2$ 的形貌结构；用物理吸附仪测定纳米 $Mg(OH)_2$ 比表面积；用 X-射线粉末衍射仪分析纳米 $Mg(OH)_2$ 物象组成；用红外光谱仪分析纳米 $Mg(OH)_2$ 官能团的分布情况；用电位测定仪测定纳米 $Mg(OH)_2$、Cry1Ac 蛋白以及 Cry1Ac-$Mg(OH)_2$ 复合物的电位值。

### 6. Cry1Ac-$Mg(OH)_2$ 在棉花叶片上的黏附性能研究

将 Cry1Ac 蛋白与纳米 $Mg(OH)_2$ 按照 1∶15 的质量比制备 Cry1Ac-$Mg(OH)_2$ 复合物，制备的复合物置于 4℃ 冰箱备用。取大小相对一致的棉花叶片，用蒸馏水清洗去除表面的杂质，室温晾干。将洁净的棉花叶片置于直径 9cm 塑料培养皿内，放置在桌面，使叶片与桌面角度呈 30°。将 Cry1Ac-$Mg(OH)_2$ 复合物喷洒在棉花叶片表面，室温晾干后，模仿降雨行为，将 3mL 无菌蒸馏水用力均匀喷洒在棉花叶片表面。待其晾干后，用 3mL 50mmol/L $Na_2CO_3$（pH 9.5）缓冲液浸没棉花叶片表面，在摇床内摇晃 10min，并使用移液器用力冲洗叶片表面。收集洗脱液，加入 4mol/L HAc-NaAc（pH 4.5）缓冲液，将 pH 调节至 4.5，溶解纳米 $Mg(OH)_2$，并沉淀 Cry1Ac 蛋白。用无菌水清洗沉淀蛋白 3 次，加入 50mmol/L $Na_2CO_3$（pH 9.5）缓冲液溶解沉淀。最后，利用 Bradford 法测定蛋白浓度。根据蛋白浓度，计算不同处理组叶片表面雨水冲洗后蛋白保留量，从而确定纳米 $Mg(OH)_2$ 的抗冲洗能力。同时，棉花叶片经干燥后用于扫描电镜观察。处理前后的棉花叶片进一步进行棉铃虫生物测定。具体为：使用裁剪器裁剪棉花叶片，放置在底部铺有湿润滤纸的 24 孔板内，放置 2 龄棉铃虫幼虫，加盖放置，72h 后统计棉铃虫死亡情况。

### 7. 生物活性测定

利用饲料生测法评估纳米 $Mg(OH)_2$ 对 Cry1Ac 蛋白杀虫活性的影响。将 Cry1Ac 蛋白与 Cry1Ac-$Mg(OH)_2$（质量比为 1∶15）复合物稀释至一定的倍数。然后，将 50μL 稀释液添加到棉铃虫饲料表面（生物测定装置为 24 孔板，饲料表面面积约为 $2cm^2$）。以蒸馏水和纳米 $Mg(OH)_2$ 为对照，每个处理 24 头二龄棉铃虫幼虫。7d 后，统计棉铃虫幼虫的死亡情况，并利用 SPSS 软件（IBM，18.0）计算出致死中浓度（$LC_{50}$）。

### 8. 纳米 $Mg(OH)_2$ 的酸水解性能

模仿雨水的酸度值，将 5mL 30mmol/L MES 缓冲液（pH 5.6）与 0.01g 纳米 $Mg(OH)_2$ 混合，震荡混合 5min，测定 pH 值。然后，逐步加入 2mL MES 缓冲液，测定 pH 值的变化。当整个溶液 pH 值与 MES 缓冲液 pH 值相当时，说明纳米 $Mg(OH)_2$ 接近全部分解。

### 9. 纳米 $Mg(OH)_2$ 的生物安全性评估

为了确定纳米 $Mg(OH)_2$ 的安全性，测定了其对棉花种子、棉花叶片、棉铃虫、Bt 和大肠杆菌的影响以及纳米 $Mg(OH)_2$ 自身的分解特性。棉花种子：在培养皿（直径为 15cm）上放置 2 层滤纸（11cm），分别加入 5mL 蒸馏水、NaOH 溶液（pH 10.6）、12.5~500mg/L $Mg^{2+}$ 溶液（$MgSO_4 \cdot 7H_2O$）以及 12.5~500mg/L 纳米 $Mg(OH)_2$。然后，在每个培养皿内加入 12 粒棉花种子，8d 后，计算棉花种子的发芽率。棉花叶片：在棉花叶片表面喷洒 0.03g/mL 纳米 $Mg(OH)_2$，15d 后，测定棉花叶片叶绿素含量变化。棉铃虫：将 0.03g/mL 纳米 $Mg(OH)_2$ 添加到 24 孔板内的饲料表面，待其自然晾干后，加入 2 龄棉铃虫幼虫，观察其死亡情况。Bt 和大肠杆菌：在液体 LB 培养基中分别加入 12.5~500mg/L 纳米 $Mg(OH)_2$，按 1% 的比例分别转入 Bt 和大肠杆菌，培养一定时间后测定 $OD_{600}$。

10. 统计分析

所有结果表示为均值±标准差（SD）。数据通过 Microsoft Excel 2016 整理，并使用 SPSS 18.0 进行独立 $t$ 检验和 Probit 算法分析。$p<0.05$ 被认为是统计学上显著的。

## 二、Cry1Ac 蛋白与纳米氢氧化镁负载最佳条件

研究了纳米 $Mg(OH)_2$ 和 Cry1Ac 蛋白的最佳吸附比例。随着纳米 $Mg(OH)_2$ 含量的提高，上清的蛋白条带强度逐渐降低。当 Cry1Ac 蛋白与纳米 $Mg(OH)_2$ 复配质量比为 1∶19.68 时，上清蛋白条带几乎不可见，说明体系中的大部分蛋白与纳米 $Mg(OH)_2$ 发生结合 [图 8-19（a）]。同时，通过测定吸附离心后上清的蛋白浓度，结果发现在该复配比例下，纳米 $Mg(OH)_2$ 对蛋白的吸附率可达 97.16% [图 8-19（b）]。但考虑到当复配质量比达到 1∶13.12 时，后续吸附量的变化值随纳米 $Mg(OH)_2$ 质量比的提高而变化较小。因此，选择 1∶15 的复配质量比用于后续制备 Cry1Ac-$Mg(OH)_2$ 复合物。

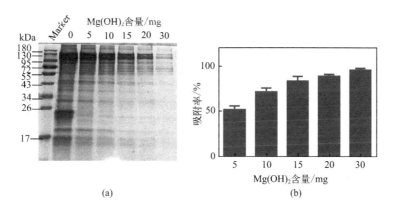

图 8-19　Cry1Ac 蛋白与纳米 $Mg(OH)_2$ 吸附后上清蛋白
SDS-PAGE 分析（a）和吸附率测定（b）

## 三、纳米氢氧化镁负载 Bt 杀虫蛋白前后表征分析与生物活性测定

由扫描电镜和透射电镜结果可以看出，纳米 $Mg(OH)_2$ 呈现典型的片状支撑结构，在吸附 Cry1Ac 蛋白后，纳米 $Mg(OH)_2$ 的结构未发生明显变化，仍然保持花状支撑结构。这说明纳米 $Mg(OH)_2$ 在吸附过程中较为稳定，未与蛋白发生明显反应（图 8-20）。

实验进一步研究了纳米 $Mg(OH)_2$ 与 Cry1Ac 蛋白之间的吸附原理。XRD

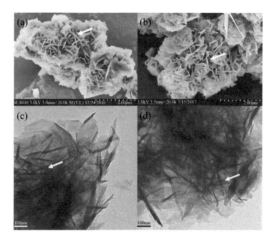

图 8-20　扫描电镜与透射电镜结果

纳米 $Mg(OH)_2$ 的扫描电镜图（a）和透射电镜图（c）以及纳米 $Mg(OH)_2$ 和 Cry1Ac 蛋白复合物的扫描电镜图（b）和透射电镜图（d）箭头所指为纳米 $Mg(OH)_2$ 的花状支撑结构

测定结果显示，纳米 $Mg(OH)_2$ 的各个晶面在吸附 Cry1Ac 蛋白前后变化较小，预示二者之间未发生相应的化学反应，为单纯的物理性吸附［图 8-21 (a)］。Zeta 电位测定显示，纳米 $Mg(OH)_2$ 带有较强的负电位，当其与带弱正电位的 Cry1Ac 蛋白结合时，纳米 $Mg(OH)_2$ 电位值下降，这说明二者主要通过静电吸附的方式结合［图 8-21（b）］。而静电吸附是一种典型的物理吸附，这与 XRD 分析结果相一致。FT-IR 测定显示，Cry1Ac-$Mg(OH)_2$ 复合物在 $1647.20cm^{-1}$ 处出现—$NH_2$ 官能团，证明纳米 $Mg(OH)_2$ 和 Cry1Ac 蛋白发生了结合［图 8-21（c）］。最后，进一步研究了 Cry1Ac 蛋白与纳米 $Mg(OH)_2$ 结合前后杀虫活性的变化情况，二者的 $LC_{50}$ 值置信区间存在交叉重叠，即二者杀虫活性无显著性差异，表明纳米 $Mg(OH)_2$ 的引入对 Cry1Ac 蛋白杀虫活性无显著影响［图 8-21（d）］。

## 四、Cry1Ac-$Mg(OH)_2$ 在棉花叶片的滞留能力

将纳米 $Mg(OH)_2$ 和 Cry1Ac 蛋白喷洒在棉花叶片表面，研究复合物的抗雨水冲洗能力（图 8-22）。棉花叶片表面分布有不规则的纹路和气孔结构［图 8-22（a）］，当喷施纳米 $Mg(OH)_2$ 到叶片后，团聚的细小颗粒能停留在纹路所对应的凹槽结构中［图 8-22（b）］。而只将 Cry1Ac 蛋白喷施到植物叶片表面后，未观察到明显变化［图 8-22（c）］。经雨水冲洗后，纳米 $Mg(OH)_2$ 进一步发生团聚，但形成的复合物仍然能够停留在棉花叶片表面［图 8-22（d）］，表明纳米 $Mg(OH)_2$ 能够起到一定的抗雨水冲洗的作用。进一步测定了棉花叶

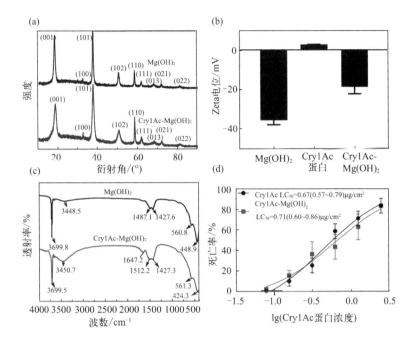

图 8-21 纳米 Mg(OH)$_2$ 与 Cry1Ac 蛋白吸附产物表征以及生物活性测定
(a) XRD 分析；(b) Zeta 电位测定；(c) FT-IR 分析；(d) 棉铃虫生物活性测定

片表面所滞留的蛋白量，结果显示复合物处理组在棉花叶片表面的蛋白滞留量极显著高于单纯蛋白处理组（$p<0.01$）[图 8-22（e）]，表明纳米 Mg(OH)$_2$ 可通过其与棉花叶片表面凹槽结构的固定作用提高其自身的抗冲洗能力，从而间接地提高了 Cry1Ac 蛋白的抗雨水冲洗能力。

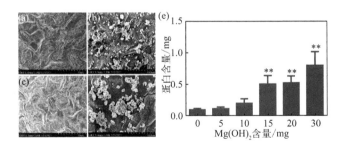

图 8-22 纳米 Mg(OH)$_2$ 对 Cry1Ac 在棉花叶片滞留能力的影响
(a) 喷施蒸馏水电镜图；(b) 喷施纳米 Mg(OH)$_2$ 电镜图；(c) 喷施 Cry1Ac 蛋白电镜图；
(d) 喷施 Cry1Ac-Mg(OH)$_2$ 复合物并经雨水冲洗电镜图；
(e) 不同含量纳米 Mg(OH)$_2$ 负载后在棉花叶片表面蛋白残留量
＊＊表示 $p<0.01$

## 五、对棉铃虫的生物活性测定

将经雨水冲洗前后的棉花叶片喂食棉铃虫幼虫，测定叶片的生物活性残留情况。棉铃虫死亡情况以及棉铃虫的最终形态如图 8-23 所示。食用仅喷施纳米 $Mg(OH)_2$ 和蒸馏水的叶片后，棉铃虫未见死亡，且虫体较大。当食用喷洒 Cry1Ac-$Mg(OH)_2$ 复合物以及 Cry1Ac 蛋白处理的叶片后，棉铃虫均出现死亡情况，其死亡率显著高于对照组（$p<0.01$）。而 Cry1Ac-$Mg(OH)_2$ 复合物处理组棉铃虫的死亡率是 Cry1Ac 蛋白处理组死亡率的 4 倍以上，说明 Cry1Ac-$Mg(OH)_2$ 复合物处理棉花叶片的杀虫活性得以保留，进一步证明了纳米 $Mg(OH)_2$ 能提高 Cry1Ac 蛋白的抗雨水冲洗能力［图 8-23（a）］。通过观察棉铃虫虫体的形态可以看出，Cry1Ac-$Mg(OH)_2$ 处理的虫体要明显小于其余处理组，说明其对棉铃虫的毒性要高于其他处理组［图 8-23（b）］。

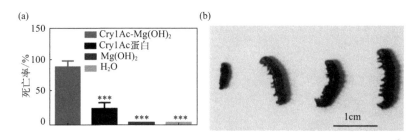

图 8-23 喂食不同处理棉花叶片（经雨水冲洗）后棉铃虫死亡情况（a）以及棉铃虫的形态（b）
\*\*\* 表示 $p<0.001$

## 六、纳米氢氧化镁的生物安全性

测定了纳米 $Mg(OH)_2$ 对植物、细菌以及棉铃虫的影响，从而评估其作为添加剂的可行性。添加不同浓度的纳米 $Mg(OH)_2$ 到棉花种子培养液中，发现棉花种子的发芽率较蒸馏水处理无显著性差异（$p>0.05$），说明其对棉花种子发芽无显著抑制作用［图 8-24（a）］。测定了喷洒纳米 $Mg(OH)_2$ 后棉花叶片叶绿素含量的变化，结果显示叶绿素的各个组分含量均未观察到显著性变化（$p>0.05$），表明纳米 $Mg(OH)_2$ 不会对棉花叶片产生药害［图 8-24（b）］。添加一定量 $Mg(OH)_2$ 于 Bt、大肠杆菌以及棉铃虫生长基质中，未见显著的抑制作用（$p>0.05$），进一步证明了其对生物的安全性［图 8-24（c）和（d）］。此外，还研究了纳米 $Mg(OH)_2$ 自身的稳定性。发现其在蒸馏水中的 pH 保持在 10.2 左右，而在近雨水酸度值的 MES 弱酸性缓冲液中，溶液的 pH 初始在 9.7 左右，但随着 MES 缓冲液的不断加入，体系 pH 逐步下降，最终下降至6左右，纳米Mg(OH)$_2$颗粒也逐渐消失，说明在此期间，碱性难溶的纳米Mg(OH)$_2$发生了缓慢分解［图8-24（e）］。上述结果表明，纳米Mg(OH)$_2$可以作为苏云金杆菌制剂的安全助剂。

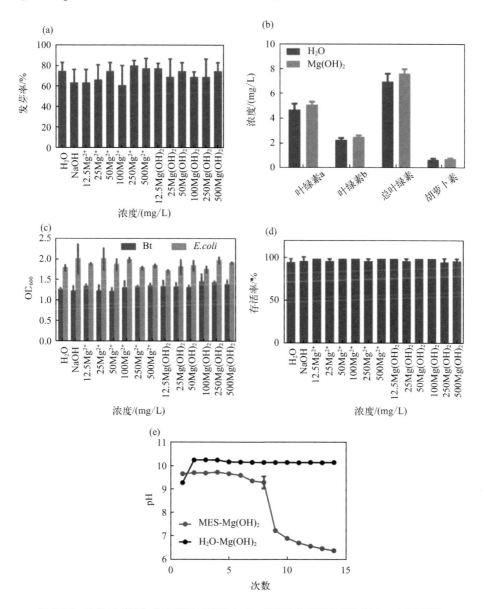

图8-24　纳米Mg(OH)$_2$对棉花种子发芽（a）、棉花叶片叶绿素产量（b）、大肠杆菌和Bt生长（c）和棉铃虫生长（d）的影响以及自身在弱酸性条件下的分解过程（e）

## 七、纳米氢氧化镁提高 Cry1Ac 蛋白抗冲洗能力机理

综上，纳米 $Mg(OH)_2$ 与 Cry1Ac 蛋白吸附时未发生明显的化学反应，二者之间是通过静电吸附的物理吸附方式进行结合，而研究表明物理吸附作用有利于维持蛋白等生物物质的结构稳定性。因此，Cry1Ac 蛋白在吸附过程中保持构象稳定，其杀虫活性也未因此而受到明显影响。此结果与前人的研究相符合，即 Cry 蛋白在与蒙脱石和高岭土等材料吸附结合时，Cry 蛋白在整个吸附过程中都保持较高的构象稳定性，吸附复合物的生物活性较原始蛋白也未发生明显变化。同时，研究显示，当 Cry 蛋白与泥土矿物发生吸附结合后，蛋白可在土壤环境中保持长时间的结构稳定性，蛋白杀虫活性也得到较好的保留，说明矿物质材料能够提高 Cry 蛋白在逆境中的稳定性。

# 参考文献

[1] Dubovskiy I M, Grizanova E V, Whitten M M A, et al. Immuno-physiological adaptations confer wax moth *Galleria mellonella* resistance to *Bacillus thuringiensis*[J]. Virulence, 2016, 7: 860-870.

[2] Buchon N, Broderick N A, Lemaitre B. Gut homeostasis in a microbial world: Insights from *Drosophila melanogaster*[J]. Nature Reviews Microbiology, 2013, 11: 615-626.

[3] 喻子牛. 微生物农药及其产业化[M]. 北京: 科学出版社, 2000.

[4] 向雪梅. 纳米材料——苏云金芽孢杆菌原粉复合物杀虫剂杀虫效果的初步研究[D]. 武汉: 华中农业大学, 2014.

[5] Zhou X Y, Huang Q Y, Chen S W, et al. Adsorption of the insecticidal protein of *Bacillus thuringiensis* on montmorillonite, kaolinite, silica, goethite and red soil[J]. Applied Clay Science, 2005, 30: 87-93.

[6] Yousefi S, Ghasemi B, Tajally M, et al. Optical properties of MgO and $Mg(OH)_2$ nanostructures synthesized by a chemical precipitation method using impure brine[J]. Journal of Alloys and Compounds, 2017, 711: 521-529.

[7] Ravier I, Haouisee E, Clement M, et al. Field experiments for the evaluation of pesticide spray-drift on arable crops[J]. Pest Management Science, 2005, 61: 728-736.

[8] Zhang R N, Pan X H, Li F, et al. Cell rescue by nano-sequestration: Reduced cytotoxicity of an environmental remediation residue, $Mg(OH)_2$ nanoflake/Cr(Ⅵ) adduct[J]. Environmental Science & Technology, 2014, 48(3): 1984-1992.

CHAPTER 09

# 第九章
# 纳米生物农药的安全性评估

第一节 纳米生物农药在植物中的摄取和运输
第二节 纳米材料的生态毒性
第三节 纳米生物农药的环境风险评估
第四节 安全性管理与法律法规

# 第一节
# 纳米生物农药在植物中的摄取和运输

近年来，纳米生物农药相关研究更多地集中在构建智能控释纳米农药制剂和生物活性评估上。但纳米农药在植物中的摄取、运输和分布尚未完全被理解，由纳米粒子引起的植物毒性和基因毒性\很少被考虑。实际上，理解纳米农药与植物之间的相互作用行为有助于设计新的纳米载体体系，并且也有利于揭示纳米农药的生物累积效应和生物安全性，为纳米农药的安全使用提供指导。

农药在叶片表面的高效沉积和强黏附是减少农药损失和提高利用率的关键因素。由于纳米粒子具有大的比表面积和强表面反应性，它们很容易通过静电吸附、机械黏附和疏水亲和作用吸附或聚集在植物表皮上。如图 9-1 所示，纳米农药与植物的相互作用主要包括三个步骤：①纳米粒子沉积或吸附在植物表面（根、茎和叶）；②纳米粒子渗透到表皮和角质层，然后通过共质体或自由空间迁移到维管组织；③纳米粒子通过维管组织运输到植物的其他部位。尽管

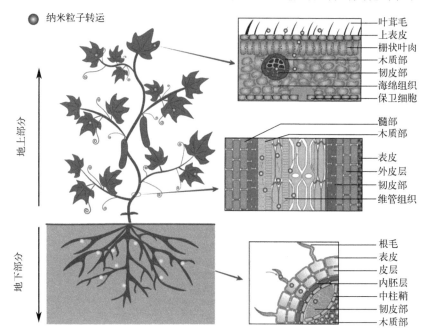

图 9-1 植物中 NPs 吸收和运输过程的示意图

在根（有气孔的表皮、叶肉和维管组织）和叶（毛状体、表皮褶皱和蜡晶体）中存在类似特征，但根和叶的不同形态特征会导致纳米粒子进入它们的内部并遇到不同的障碍。同时，纳米粒子的积累和运输还取决于纳米粒子的形状、应用方法和植物组织的性质。一般来说，纳米粒子从叶到根的转移主要是通过韧皮部的运输机制实现的。

目前，基于阿维菌素的纳米生物农药的运输已经引起了一些关注。三种不同黏附能力的功能性聚乳酸阿维菌素（Abam-PLA）纳米粒子用于黄瓜叶片，其中 Abam-PLA 纳米粒子对叶片表面的黏附主要取决于纳米粒子表面的功能团，并且黏附性可以通过改变功能团来调节。这三种纳米粒子与黄瓜和小白菜叶片表面的相互作用力主要来自氢键，这大大提高了叶片表面的黏附性能[1]。使用苯乙烯和甲基丙烯酸共聚物作为阿维菌素载体，儿茶酚作为表面黏合基团，开发了粒径为 120 nm 的阿维菌素纳米生物农药，纳米粒子表面覆盖的邻苯二酚基团可以使酚羟基与叶片表面的羧基或羟基形成较强氢键，从而显著增强粒子与黄瓜和甘蓝（*Brassica oleracea*）叶面的黏附性[2]。此外，还制备了多功能阿维菌素/聚琥珀酰亚胺与甘氨酸甲酯纳米粒子（AVM-PGA），其中 AVM-PGA 处理后，可以在水稻茎和所有叶片中检测到 AVM，而在自由形态 AVM 处理的水稻叶片中只能检测到少量 AVM 分子。PGA 纳米载体可以提高 AVM 在水稻中的摄取和运输，还可以与植物氨基酸转运蛋白相互作用，增强它们的细胞摄取和韧皮部的装载作用[3]。这表明纳米载体可以改善 AVM 生物农药的摄取和运输特性。此外，一种新型的 D-葡萄糖（Glc）和鱼藤酮（R）结合的金纳米粒子（R-Au NPs-Glc）可以通过依赖能量和己糖转运蛋白，运输到烟草 BY-2 细胞中[4]。

纳米生物农药可以被植物的根和叶吸收、积累和传输，这有利于农药进入植物体内，有效控制刺吸式害虫和植物疾病。根部吸收是纳米粒子进入植物的主要途径，吸收的纳米粒子可能通过蒸腾作用向上运输到植物的地上部分，这使得通过在地下施用农药控制地上害虫成为可能。然而，纳米生物农药的摄取、生物可利用性和毒性主要取决于粒子数量、粒子稳定性和粒子尺寸分布，了解纳米生物农药的运输特性是否会导致植物残留应该引起足够的关注。应进行更多的关于纳米载体的叶片靶向生物累积和剂量生物转化机制的研究，以制定具体的纳米生物农药风险评估指南。在未来，探索纳米农药与植物之间的相互作用不应仅限于迁移路径机制，还应包括纳米农药在植物中的动态消化、残留行为和毒理学。理解植物在纳米颗粒处理前后形态和生理特性的差异，确定纳米颗粒进入植物的穿透过程的关键因素，并选择合适的纳米尺寸和载体以减少残留并提高农药的利用率，将有助于开发绿色高效的纳米农药。

# 第二节
# 纳米材料的生态毒性

对于一般农药来说，其对生态危害考虑的主要因素有化学组成、剂量和暴露方式。而对于纳米材料，还需要考虑一些其他因素，如尺寸、表面特征、溶解性、量子效应、结构、浓度和聚集性等。所以在研究纳米材料的生态毒性之前，首先需要清楚哪些因素会对其毒性效应产生影响。

## 一、影响纳米材料生态毒性的因素

纳米农药对生态的毒性效应与纳米材料息息相关，例如纳米材料的物理化学性质、环境行为等方面，是影响纳米农药进入生物体并产生毒性效应的关键因素，包括粒径、表面特性、溶解性、吸附性能、催化活性和光学特性等。

同一种纳米材料由其化学成分、粒径、晶体结构、表面性质等理化性质的差异导致其不同的毒性机理，因而相同的纳米材料也会由于粒径、晶体结构等性质的不同而影响其对环境的毒性大小。有研究表明，纳米材料的特性如粒径大小、表面电荷等，可以影响其排放到生态系统的量[5]，从而使得其对环境产生的毒性大小不同。

纳米材料的粒径大小直接影响纳米材料的比表面积和生物可利用性，决定了纳米农药在生物体内的浓度高低与组织分布，进而影响其毒性。例如，纳米材料的粒径减小会增加其比表面积，从而促进其在生物体内的积累及其活性，并增加了纳米材料与生物分子之间的相互作用[6]。不同粒径的纳米材料会影响细胞摄取的速度和程度，进而对其毒性产生影响。此外，纳米材料的形状决定了纳米农药在水体中的流动性、沉降与吸附行为，进而影响纳米农药的生物有效性、在不同环境介质中的暴露浓度与持久性、蓄积性等。

纳米材料的表面特性（如表面电荷和官能团等表面特性）决定了纳米材料与生物分子的相互作用程度。例如，纳米金属氧化物的细胞毒性与其表面电荷相关，当正电荷增加时，对细菌的毒性降低[7]。溶解性高的纳米材料更易释放金属离子，增加其生态毒性。因此，纳米材料表面性质、溶解性与化学活性等直接相关，这些性质影响纳米材料和生物分子之间的反应，从而影响其在生物体内的毒性作用。纳米材料的吸附性能决定了其在生物体内的分布和累积。催化活性高的纳米材料能产生更多的活性氧，增加氧化胁迫。光学特性可能干扰生物体的光感知和光合作用。此外，纳米农药的生态毒性效应还与纳米材料的化学组成有关。例如纳米 $TiO_2$ 对有益菌的抑制作用。可能会导致含纳米

$TiO_2$ 颗粒的农药在杀死有害菌的同时也将有益菌类杀死[8]。

## 二、纳米材料的毒性机理

纳米材料的生态毒性效应主要表现在其对生物体的生理和生化功能造成的负面影响。研究表明，纳米材料可以通过呼吸道、皮肤和消化道等多种途径进入生物体内，进而影响生物体的正常生理功能。纳米材料的毒性效应包括但不限于氧化胁迫、配位效应、遗传毒性、机械损伤和吸附与遮光效应等。

（1）氧化胁迫　纳米颗粒可以产生活性氧，导致氧化胁迫。当纳米颗粒进入细胞，尤其是暴露在溶酶体的酸性环境或与氧化性细胞器如线粒体接触时，可以直接产生活性氧。即使只有少量的纳米颗粒进入细胞，也可以产生大量的活性氧[9]。这些活性氧与生物分子反应，损伤细胞，从而引发毒性。

（2）配位效应　纳米金属氧化物与蛋白质的体内外相互作用可能包括配位作用和非共价作用。蛋白质绑定到纳米颗粒后，可能导致其结构改变和功能丧失，能够抑制生物分子的活性，使得维持生物正常生理过程的功能受到破坏，从而产生毒性。

（3）遗传毒性　纳米颗粒可能通过其自身或释放的物质与生物分子结合，导致 DNA 损伤。例如，纳米颗粒可以诱发大豆苗基因毒性、洋葱细胞染色体畸变等。

（4）机械损伤　某些纳米材料由于其特殊的结构，可能对生物细胞造成物理机械损伤。例如，氧化石墨烯由于其高比表面积和表面官能团，可以直接损伤细胞膜，导致细胞凋亡[10]。

（5）吸附与遮光效应　纳米材料可能通过吸附营养物质或遮光影响生物的生长。例如，在微藻的毒性测试中，纳米材料悬液的颜色可能阻挡微藻对光的利用，影响其生长。

纳米材料的毒性效应可能不是通过单一途径实现，而是通过多种方式共同作用。例如，纳米颗粒可能通过氧化胁迫破坏细胞内酶的活性或膜的完整性，也可能通过与蛋白质的结合影响其正常功能，或者通过释放某些物质影响生物分子的正常功能。

## 三、纳米材料的环境行为

纳米材料的环境行为是评估其生态毒性的关键基础。纳米颗粒由于其微小尺寸和高比表面积，可能在环境中展现出不同于常规材料的行为。它们可以通过吸附、溶解、聚合等过程与环境中的其他物质发生相互作用，进而影响其迁移、转化和生物可利用性。

纳米材料的释放是评估其生态毒性的第一步，纳米材料可以通过各种途径进入环境，包括工业排放、产品使用和废弃等。其次，纳米材料在环境中的迁移和转化过程也对其生态毒性有重要影响，纳米材料的行为可能受到环境因素如 pH、温度、光照和氧化还原条件的影响，它们可能发生溶解、聚集、沉降或被微生物转化等过程，这些过程会影响纳米材料的环境分布、生物可利用性和毒性。此外，纳米材料与生态系统中各种生物的相互作用是评估其生态毒性的核心。纳米材料可能被植物吸收，影响植物生长；也能被水生生物摄取，影响其生理功能；甚至可能通过食物链传递，影响更高层次的消费者。

因此，全面研究纳米材料的环境行为，包括其释放、迁移、转化和生物相互作用等过程，是评估其生态毒性的关键。这需要跨学科的研究工作，包括材料科学、环境科学、生态学和毒理学等领域的密切合作，以全面了解纳米材料的潜在环境和健康风险。通过这些研究，可以更好地推动纳米技术的发展，在确保其为人类带来利益的同时，同时最小化其对环境和生态造成的负面影响。

## 四、纳米材料对生态的毒性效应

### 1. 对水生态毒性的影响

水生生物是纳米材料生态毒性研究的重要对象。随着纳米材料的大量研发、生产和商品化应用，纳米材料可能通过直接接触或食物链累积对水生生物产生毒性效应，也可能通过不同途径如水处理系统、污水排放和再生水补给等进入城市河流和景观水体等水体环境中[11]，抑制藻类光合作用、影响鱼类生长发育等，进而对水生态系统产生显著影响。

纳米材料具有大的比表面积和强反应活性，能够与水体中的其他污染物发生界面反应，影响污染物在环境中的存在状态和迁移转化。例如，纳米材料的存在可能会改变水体中某些化学物质的平衡，如碳纳米管的存在会增加水环境中自由铜离子的浓度，从而可能对水生生物产生毒性[12]。纳米材料对不同营养级水生生物（包括细菌、浮游植物、浮游动物和鱼类等）的毒性影响已有研究报道。研究表明，纳米材料对水生生物的毒性高于传统材料，能够抑制藻类、细菌和大型水生动物的生长，降低生物的食物摄取能力，甚至能穿越鱼的大脑屏障，到达大脑，产生潜在的生态风险[13]。此外，纳米材料与重金属污染物的界面结合可能会产生协同或拮抗的联合生态效应，这进一步增加了对水生态系统的影响。例如，纳米 $TiO_2$ 颗粒会导致水生细菌产生细胞内活性氧，对其细胞壁产生破坏作用，抑制微藻和大型水蚤的生长[14]。

尽管已有一些研究关注纳米材料对水生生物的毒性效应，但大多数研究仅限于对单一高浓度纳米材料在实验室条件下的毒性效应研究。实际水体环境中,受水质多种因素影响以及在多种污染物共存的条件下,低浓度纳米材料产生的生物效应以及纳米材料与重金属复合体系产生的协同或拮抗的联合生态效应,仍需进一步深入研究。了解和评估纳米材料对水生态环境的影响,对于保护水生态系统和人类健康具有深远意义。

### 2. 对土壤及植物生态毒性的影响

纳米材料在农业和环境领域中的应用日益增多,但它们对植物生长和土壤生态系统的潜在影响也引起了广泛关注。纳米材料可能通过土壤进入植物体内,影响植物的生长和发育,或者通过食物链对陆生动物产生间接影响。

纳米材料可能通过土壤孔隙迁移,进而影响地下水和植物根系,它们在土壤中的积累可能会改变土壤的理化性质,如pH值、有机质含量等。也可能对土壤微生物群落结构和组成产生影响,这会干扰土壤中养分循环和有机物分解等生态过程。

纳米材料可能对植物的生理过程产生毒性,包括影响蒸腾作用、生物量增长、叶绿素含量等。例如,银纳米颗粒和锑的共暴露可能对大豆的蒸腾速率和生物量产生负面影响。纳米材料可能改变植物对金属元素的吸收和其在植物组织中的分布。例如,$CeO_2$、$CuO$、$TiO_2$纳米颗粒与锑共暴露时,可能影响锑在大豆组织中的积累和转运[15]。此外,纳米材料的暴露可能引起植物体内活性氧的产生,从而激活植物的抗氧化系统,包括超氧化物歧化酶(SOD)、过氧化物酶(POD)和过氧化氢酶(CAT)等[16]。

纳米材料在土壤中的长期存在可能会对生态系统中的其他生物产生间接影响,如影响昆虫、蚯蚓等土壤动物,进而影响整个生态系统的稳定性和生物多样性。纳米材料的化学稳定性可能会影响其在环境中的行为和生态毒性。例如,一些金属纳米材料可能会随着时间推移释放金属离子,这些离子可能对植物和土壤生物有毒[17]。

纳米材料的表面特性如表面电荷、修饰基团等,也会影响其与土壤和植物的相互作用,进而影响其生态毒性。纳米材料的生态毒性与其剂量有关,高剂量可能会产生更严重的毒性效应。环境因素如温度、湿度、土壤类型等,也可能会影响纳米材料的环境行为和生态毒性。

纳米材料对植物和土壤的影响是多方面的,包括直接的生理毒性效应、影响金属元素的吸收与分布、激活抗氧化系统、改变微生物群落结构和酶活性等。这些影响可能会对植物生长和土壤健康产生长期的影响,需要综合考虑纳米材料的理化性质、环境行为、植物吸收特性以及生态系统的响应。当前,这一领域的研究仍在不断发展,以期更好地理解纳米材料的环境风险,并开发出安全有效的应用策略。

### 3. 对人体健康的影响

纳米材料的粒径分布在 0.1～100 nm 范围内，由于其微小的尺寸，它们几乎可以不受阻碍地进入细胞，甚至可能进入人体的神经系统影响大脑。除此之外，纳米材料的微小尺寸也使得它们有可能穿透血脑屏障，进而影响神经系统，可能导致更严重的疾病等后果。而且纳米材料与体内细胞反应可能引起发炎和病变。例如，停留在肺部的某些纳米材料可能导致肺部纤维化。

纳米材料在环境中的浓度可能较低，但一旦进入人体，可能长期结合潜伏，在特定器官内积累，导致显著毒性效应。纳米级颗粒能穿透皮肤进入肺部，在人体内自由漫游，不受免疫系统的干扰。除直接进入人体，纳米材料也可能通过食物链逐级高倍富集，导致高级生物的毒性效应，并对生态系统有潜在累积毒性。

# 第三节
# 纳米生物农药的环境风险评估

纳米生物农药的环境风险评估是农药开发过程的一个关键环节，用于评估纳米尺度的生物农药成分可能对生态系统和人类健康造成的影响。这一评估过程对于确保农药的安全性和有效性至关重要，同时也对保护环境和人类健康具有重要意义。纳米生物农药对环境生物的毒性效应可能受到多种因素的影响，包括纳米材料的物理化学性质、暴露途径、环境行为以及环境因素等方面。因此，与单一纳米材料或常规生物农药相比，纳米生物农药的环境安全性评估更加复杂。

生物农药和纳米生物农药在环境风险评价中考虑的因素有相似之处，但也存在一些独特的考量点。对于一般生物农药来说，在其环境风险评价中应考虑不同类型的生物农药具有不同的生物活性和环境行为，并且其施用频率、剂量、时间和方法，气候、土壤类型等都有所差异，这些因素会影响生物农药在环境中的降解和扩散。除此之外，还要考虑生物农药对非靶标生物（如有益昆虫、水生生物、土壤生物等）的潜在影响，评估生物农药对农民、消费者和其他可能接触到的人群的健康风险。而对于纳米材料，除上述因素，由于纳米材料具有独特的物理化学特性，还需要考虑一些其他因素，如纳米尺寸、形状、表面修饰等对环境行为和生物活性的影响；纳米材料在环境中的稳定性，包括聚集、沉降和腐蚀；纳米材料在环境中可能发生的化学或生物转化以及长期环境影响；纳米材料的生态效应。

环境风险评估通常需要确定纳米生物农药的潜在危害，包括对非靶标生物的毒性和对生态系统的潜在干扰，需要评估纳米生物农药在不同环境介质中的分布、持久性和生物累积潜力。研究纳米生物农药对生物体的剂量依赖性效应，确定安全剂量和毒性阈值，结合危害和暴露评估的结果，对纳米生物农药的环境风险进行综合评估。并基于评估结果制定风险管理和缓解措施，以减少对环境的潜在负面影响，为监管机构提供科学依据，帮助相关单位制定合理的政策和指南，确保纳米生物农药的安全使用。

在对纳米生物农药进行环境风险评估时，应特别关注其纳米特性，因为纳米特性会影响纳米生物农药在环境中的迁移、转化和生物可利用性。也应该关注纳米生物农药对水生生物、土壤生物和陆生生物的毒性及其可能产生的长期生态影响。同时，需要考虑纳米生物农药在食物链中的累积和放大效应，这可能对生态系统产生深远的影响。此外，研究纳米生物农药在不同环境介质（如水、土壤、空气）中的行为和归宿有助于了解它们如何与环境相互作用，以及它们在环境中的稳定性和持久性[18]。最后，通过食物链、饮用水和直接暴露途径对人类健康产生的潜在风险也是评估过程中不可忽视的一部分。通过这些评估步骤，可以更全面地了解纳米生物农药的环境和健康风险，为制定相应的管理策略和安全使用指南提供科学依据。

目前，尽管对纳米材料的毒性效应及机理有了一定的认识，但对该领域的认识仍存在许多不足，需要未来进行深入研究去解决这些问题，以便更好地对纳米生物农药进行环境风险评估。例如，缺乏纳米材料长期低剂量暴露研究，需要深入了解纳米材料在生态系统中的长期低剂量暴露效应。对纳米材料在水体、土壤和大气中的化学转化、生物降解等行为的研究较为欠缺，需要深入了解环境介质中的转化与归趋行为。由于缺乏标准化的毒性测试方法，未来需要建立一套科学的纳米材料毒性测试标准方法，包括物理化学性质表征、模型生物选取等。有研究表明，环境中的碳纳米材料能够与共存污染物（如有机污染物、重金属和其他纳米颗粒）相互作用，影响彼此的归趋及毒性效应[19]。因此，纳米材料与其他环境污染物的复合污染效应需要进一步研究。纳米生物农药的环境安全评估是一个复杂的问题，涉及多种因素和作用机理，未来的研究需要从多方面入手，综合考虑各种因素，建立标准化的测试方法，并加强对复合污染效应的研究，以确保纳米技术的可持续发展。

随着纳米技术在生物农药领域的广泛应用，纳米生物农药作为一类新型生态友好型农药，其开发与应用日益广泛。但与常规生物农药相比，纳米生物农药由于纳米材料特殊的物理化学特性，其安全性问题也引起了广泛关注。目前对纳米材料及纳米生物农药的生态毒理学与环境风险的研究还十分有限，严重制约了对纳米生物农药进行定量化环境风险评估。国内外均缺少适合纳米生物农药的环境风险评估程序,以及与之相适应的生态毒性与环境归趋标准测试方法[20]。

# 第四节
# 安全性管理与法律法规

纳米生物农药因其高效性和环境友好性而受到关注。然而,纳米材料的引入也可能导致未知的环境和健康风险,也带来了潜在的生态和健康风险,对纳米生物农药的安全性管理与法规制定提出了新的要求。因此,建立一套完善的纳米生物农药安全性管理体系和法规显得尤为重要。

## 一、安全性管理的基本原则

农业是一个国家的根本,将纳米技术应用到农业生产领域,可以大大提高农业生产效率。然而,对纳米生物农药的生态毒理学研究尚不完善,对环境的安全性风险不可控。因此在纳米生物农药推广应用前,有必要有效防范纳米生物农药的潜在风险。

在设计生产纳米生物农药时,就要考虑其安全性,尽量选择生物降解性强、毒性低的材料,以及对环境友好的配方。并且,在研发阶段,就需要对纳米生物农药的环境和健康影响进行全面评估,包括急性和慢性毒性测试、生态毒性、生物累积性和降解性研究。制定详细的风险管理计划,包括风险识别、风险分析、风险评价和风险控制措施。在应用过程中,持续监测纳米生物农药对环境的影响,包括土壤、水体、空气和生物多样性。提供明确的使用指导和安全数据表,确保农民和使用者了解如何安全使用纳米生物农药。对农民和农药使用者进行教育和培训,提高他们对纳米生物农药潜在风险的认识和安全使用技能。

## 二、法律法规

纳米生物农药作为农药领域的一个新兴分支,其法律法规尚在不断完善中。由于纳米生物农药的特殊性,包括其独特的理化性质和潜在的环境及健康影响,许多国家和组织正在积极探索制定相应的监管政策和标准。

规范定义是起草所有法规的基础,然而目前尚未形成一个统一且被国际广泛认可的纳米生物农药定义。部分国际组织和国家管理机构已经发布了一些关于纳米材料的定义,这些定义可以作为纳米生物农药定义的参考,这些定义中通常包含的要素包括尺寸、结构和纳米特性等。确立一个被广泛接受和统一的定义是加强纳米生物农药管理的关键，也是国际社会在纳米生物农药管理上达成的共识。然而，确定纳米与非纳米的界限需要考虑多种因素，这些因素共同增加了为纳米生物农药制定统一定义的复杂性，并要考虑各国便于管理的需求，以确保在此基础上进行风险评估和管理的可行性。

欧盟食品安全局（EFSA）负责食品相关领域的纳米材料应用管理，并且正在采取一种"综合、安全和负责任的方法"来监管纳米技术的发展，包括审查和修改现有相关法规、监控安全问题以及与各方进行对话。美国国家环境保护局（EPA）依据《美国有毒物质控制法》（TSCA）对纳米材料进行管制，要求生产或进口之前必须向 EPA 通报，并根据新化学物质规章对纳米材料进行评价。EPA 已收到并审查了多份有关纳米级材料的新通告，并采取行动来控制和限制对这些化学品的接触。

在中国，农药的生产、经营和使用受到《农药管理条例》的规范，该条例规定了农药登记、生产、经营和使用的详细要求。中国对纳米农药的关注始于 2004 年前后，目前已有多个纳米材料研究或管理机构。2024 年 5 月 1 日实施《纳米农药产品质量标准编写规范》行业标准，成为国际上第一个纳米农药标准，旨在为纳米农药的质量和安全性提供标准和指导。我国《"十四五"全国农药产业发展规划》明确指出：鼓励纳米技术在农药剂型上的创新应用，并支持企业利用新技术发展水基化、纳米化、超低容量、缓释等制剂。国际标准化组织（ISO）成立了国际标准化组织纳米技术委员会（ISO/TC 229），负责开发术语和命名法、计量和仪表化标准。国际纯粹与应用化学联合会（IUPAC）也设立了纳米农药环境风险评估和健康风险评估 2 个项目，研究报告将市场上已有或正在开发的纳米农药进行分类，结合纳米农药不同的理化特性，提出建议的风险评估框架、流程以及资料要求。需要注意的是，纳米农药的法律法规和标准仍在快速发展和变化中，不同国家和地区的监管政策可能存在差异。随着纳米农药技术的发展和应用，预计未来会有更多的法规和标准出台，以确保其安全性和可持续性。

综上，应遵守相关的国家和国际法规，确保纳米生物农药的研发和应用符合所有适用的法律和标准。鼓励公众参与和保证透明度，通过公开讨论和咨询，让公众了解纳米生物农药的潜在风险和利益。促进跨学科合作，集合化学、生物学、毒理学、环境科学等领域的专家，共同研究和解决潜在风险。持续进行研究以改进纳米生物农药的设计，减少其对环境和人类健康的潜在风险。实施市场监控，收集和分析纳米生物农药上市后的使用数据和环境影响报告。制定应急计划，以应对可能发生的事故或事件，减少对环境和人类健康的潜在影响。通过这些综合措施，可以在纳米生物农药的研发和应用过程中有效地预防和管理潜在风险，促进其安全和可持续使用。

# 参考文献

[1] Yu M，Yao J，Liang J，et al. Development of functionalized abamectin poly (lactic acid) nanoparticles with regulatable adhesion to enhance foliar retention[J]. RSC Advances，7 (19)：11271-11280.

[2] Liang J，Yu M L，Guo L Y，et al. Bioinspired development of P(St-MAA)-Avermectin nanoparticles with high affinity for foliage to enhance folia retention[J]. Journal of Agricultural and Food Chemistry，2018，66(26)：6578-6584.

[3] Wang G，Xiao Y，Xu H，et al. Development of multifunctional avermectin poly (succinimide) nanoparticles to improve bioactivity and transportation in rice[J]. Journal of Agricultural and Food Chemistry，2018，66(43)：11244-11253.

[4] 金晓勇. 离体培养的烟草细胞吸收纳米金耦合鱼藤酮的机理及可视化研究[D]. 广州：华南农业大学，2016.

[5] Ron H. A toxicologic review of quantum dots：toxicity depends on physicochemical and environmental factors[J]. Environmental Health Perspectives，2006，114(2)：165-172.

[6] 赵海涛,胡长伟. 纳米材料生态毒性效应的影响因素及其机理研究进展[J]. 生物技术世界，2015 (11)：263-265.

[7] Hu X，Cook S，Wang P，et al. In vitro evaluation of cytotoxicity of engineered metaloxide nanoparticles[J]. Science of the Total Environment，2009，407：3070-3072.

[8] Al-Mubaddel F，Haider S，Al-Masry W，et al. Engineered nanostructures：A review of their synthesis, characterization and toxic hazard considerations[J]. Arabian Journal of Chemistry，2012，10：376-388.

[9] Toduka Y，Toyooka T，Ibuki Y. Flow cytometric evaluation of nanopartic les using sidescattered light and reactive oxygen species-mediated fluorescence-correlation with genotoxicity[J]. Environmental Science & Technology，2012，46：7629-7636.

[10] Liao K，Lin Y，Macosko C，et al. Cytotoxicity of graphene oxide and graphene in human erythrocytes and skin fibrob lasts[J]. ACS Applied Materials & Interfaces，2011，3：2607-2615.

[11] 李晶,胡霞林,陈启晴,等. 纳米材料对水生生物的生态毒理效应研究进展[J]. 环境化学，2011，30(12)：1993-2002.

[12] 蒋国翔,沈珍瑶,牛军峰,等. 环境中典型人工纳米颗粒物毒性效应[J]. 化学进展，2011，23(8)：1769-1781.

[13] 朱哲. 纳米材料水生态环境效应的研究进展[J]. 化工管理，2016(10)：103.

[14] Campos B，Rivetti C，Rosenkranz P，et al. Effects of nanoparticles of $TiO_2$ on food de-

pletion and life-history responses of *Daphnia magna*[J]. Aquatic Toxicology, 2013, 130：174-183.

［15］曹伟成. 纳米材料与锑对植物生理毒性及根际微生物群落的影响研究[D]. 长沙：湖南大学，2022.

［16］刘涛,向垒,余忠雄,等. 水稻幼苗对纳米氧化铜的吸收及根系形态生理特征响应[J]. 中国环境科学，2015，35(5)：1480-1486.

［17］疏茂,汤岑鹏,赵峰娃,等. 纳米金属颗粒在土壤-植物系统中的迁移转化及生物效应研究进展[J]. 环境科学研究，2022，35(2)：435-442.

［18］徐春光,郑烽. 纳米农药的发展现状和潜在风险防范[J]. 种子科技，2023，41(14)：103-105.

［19］姚欢,魏永鹏,尹双,等. 碳纳米材料与共存污染物的联合毒性[J]. 中国科学：化学，2018，48(5)：491-503.

［20］陈朗,姜辉,周艳明,等. 纳米农药的环境安全性浅析[J]. 农药科学与管理，2018，39(5)：30-38.

CHAPTER 10

第十章
纳米生物农药面临的
挑战与未来发展趋势

第一节　技术难题与解决方案
第二节　社会接受度与市场推广
第三节　法规与伦理问题
第四节　纳米生物农药的未来发展趋势

# 第一节
# 技术难题与解决方案

纳米技术和新型纳米材料正处在农业产业的最前沿，众多出版物集中在纳米配方农药的开发上，全球市场上也有很多商业产品面市。尽管一些农化公司（如先正达、拜耳、孟山都、巴斯夫和陶氏益农）已经开发了大量关于纳米农药的专利产品，但除了纳米乳液外，很少有纳米农药类型进入市场。纳米生物农药作为一种新型农药制剂，在提高农药有效性、减少环境污染等方面展现出巨大潜力，并与现有的具有出色控制性能和经济可行性的传统化学农药竞争。一些具有高效力和安全环保特性的新型植物源纳米配方农药已经在市场上销售，例如，植物精油和印楝种子提取物（如印楝素）这类植物源杀虫剂已经商业化，由农化公司开发的 NSPW-L30SS、Clariva®、Sivanto® prime 和 Nimbecidine EC（0.03%印楝素）等产品得到较广泛使用。

前期研究表明，碳纳米管和纳米银等纳米材料即使对鱼类也会产生急性毒性，甚至影响它们的繁殖，并会对藻类和其他水生生物造成负面影响。因此，选择无毒、生物相容且易于降解的纳米材料作为载体对纳米配方的开发非常重要。通过开发更稳定、更安全的生物农药纳米配方，可以加强纳米技术在农业中的应用。具有延长杀虫和抗菌效果的"绿色"合成稳定纳米配方的生物农药具有光明的未来，从各种纳米封装的生物杀菌精油、酶、植物提取物或生物提取物中生物合成纳米尺度材料可能是一个较优的替代方案。尽管与传统生物农药相比，纳米生物农药配方具有积极的意义，但其对环境的影响也应引起研究者的关注，研究者还应考虑纳米粒子在不同作物中的潜在毒性以及对植物代谢活动的影响。

对于活性成分的控释纳米配方，其效果和其他性能测试必须经过更长时间的评估。因此，建立纳米级制剂和环境风险评估标准非常重要，这将为新的纳米生物农药注册提供依据。此外，还需要更长的现场验证试验来评估纳米生物农药对人类和环境健康的潜在危害、非靶标效应和抗性。目前，消费者对纳米生物农药的接受度较低，因此基丁纳米粒子的生物农药似乎还需要更长的时间进行深入研究，以评估其安全性并提高消费者接受度。专家和教育工作者可以制定更多的研究计划和发展倡议，以增加公众对纳米生物农药的了解和兴趣，从而提高公众接受度并促进其可持续应用。

## 一、技术成熟度不够,生产成本高

21世纪关于农药产品的相关研究重点为如何发展环境友好型农药。一方面应该提高农药利用率,实现减施增效从而减少农药浪费;另一方面在使用新型农药时应该注意保护环境,实现农业的可持续发展。纳米技术和新的纳米材料在农药合成前沿越来越受欢迎,但是当前纳米生物农药在科学技术以及产业化应用层面仍缺乏系统性的研究,导致纳米生物农药在实际生产中受到阻碍。由于目前大多数效果好、毒性低的纳米生物农药都是在实验室水平合成的,而且生物农药活性成分稳定性相对较差,所以与纳米农药相比,制备纳米生物农药的过程会更加复杂和精密,难以在公司产业层面上大量生产合成高稳定性的纳米生物农药。因此与常规农药的生产相比,纳米生物农药的产量偏低、成本偏高,其在设备投资和生产成本上没有明显的优势。

因此,如何大规模标准化制备纳米生物农药是一个重要的研究课题。应该加强科研投入,推动技术创新,通过不断的试验研究提高纳米生物农药的制备技术水平。同时迫切需要开发简单、可再生的方法来制备纳米材料,并将其应用于农业领域。目前,以上问题在一定程度上得到了解决,如近几年来科学家们研究从稻壳里提取二氧化硅。稻壳中含有20%的二氧化硅,将二氧化硅从稻壳中提出,既可以减少焚烧处理带来的污染,又可以将合成纳米材料的成本降低。这种技术具有很好的发展前景,正逐渐成熟[1-2]。

## 二、种类较少,应用成本高

虽然已有农药公司开发并申报了大量的纳米农药和纳米生物农药相关的专利,但在实际农药市场中纳米农药和纳米生物农药的应用种类非常少,主要以微乳剂为主[3-4],导致人们在应用时的选择较少,无法选择最合适的农药剂型。此外,纳米技术的研发成本过高导致其初期的生产成本较高,应用纳米农药和纳米生物农药可能会增加农作物的生产成本,影响其市场竞争力。对于农民而言,如果使用价格高的纳米生物农药,在短期内难以看到明显的经济回报,这会增加他们的经济负担,从而影响他们对纳米生物农药的接受度。

对此,可以通过技术创新和规模化生产,降低纳米生物农药的生产成本,使其价格更具竞争力。同时,强调纳米生物农药的长期经济效益,如减少农药使用量、绿色环保、提高作物产量和质量等特点,提高其性价比,吸引更多农业生产者使用。此外,政府应制定明确的政策和法规,为纳米生物农药的研发、生产和应用提供指导和支持,包括建立安全评估标准、使用指南和市场准入机制,降低市场不确定性,鼓励农业生产者采用,同时可以进行补贴或贷款优惠政策来减轻农民的经济压力。

### 三、环境和健康风险评估没有统一标准

随着纳米材料的广泛应用，人们对纳米材料带来的安全性问题特别关注，但是目前为止对于纳米农药和纳米生物农药的毒理学评价却缺乏统一的标准。大部分毒理学试验是在实验室的标准下进行的，是在合成新的纳米农药和纳米生物农药后验证其对某一种或几种非靶标生物的毒性，缺乏系统的毒理学验证。主要集中在通过体外研究模型来进行环境和健康的风险评估，一般通过细胞的培养数据来进行安全性评价。此外，需要关注载体的种类对纳米载药体系环境安全性的影响，虽然已有研究报道部分纳米载体对土壤微生物、土壤生物、天敌生物的毒性较低，但是仍缺乏系统阐明纳米农药和纳米生物农药降低非靶标毒性的机理研究[4]。因此，应该建立标准化的评估流程和方法，减少不必要的重复测试和评估，减轻企业的负担。

## 第二节
# 社会接受度与市场推广

在过去的十年里，研究纳米技术在农业中的应用受到了很多关注。作为在农业应用中的新兴技术，纳米生物农药的社会接受度受到多方面因素的影响，包括公众对新技术的认知、对食品安全的关注以及对环境保护的意识等方面。纳米生物农药的社会接受度与市场推广是影响其广泛应用的关键因素。目前看来纳米生物农药还是受到了广泛的认可。政府的政策支持对于纳米农药和纳米生物农药的研发和市场推广至关重要，包括研发资金支持、税收优惠、市场准入便利化等，这有助于提高社会对它们的接受度。纳米农药和纳米生物农药防效好、效率高，在一定程度上是未来农药的大发展方向，在农业生产中会越来越普及。因此，提高公众对纳米技术应用于农药和生物农药的认识和接受度是接下来市场推广的关键。商家需要加强对纳米生物农药的科普教育和宣传，帮助农户逐步对纳米生物农药由认识到接受到使用再到正确科学使用，最终大面积使用。目前农户长期的用药习惯还是以传统的速效药为主，所以纳米生物农药推广起来还相对吃力，未来还需要企业在保证自身纳米生物农药产品质量、性能稳定的基础上，加大对产品的营销造势和技术服务，让更多的农户了解纳米生物农药并选择使用。

# 第三节
# 法规与伦理问题

纳米生物农药直接施用到环境中时，与人的食物链密切相关，因此在上市之前需要对其对人和动物的安全性及环境生态风险进行充分的评价。目前有关纳米农药或者纳米生物农药的法律法规尚未完全，在国际上各国立法框架不一致，且管理指导方针有限，缺乏公共许可倡议。因此，为确保纳米技术在农业领域的健康发展，制定一套目标明确的监管框架，已被多个国家和国际组织确定为当务之急，包括联合国粮食及农业组织（FAO）、欧盟（EU）、经济合作与发展组织（OECD）和澳大利亚农药和兽药管理局（APVMA）。

当前许多国家和地区已经开始关注和探索纳米材料包括纳米农药和纳米生物农药在食品链中应用的监管途径。如美国环保局（EPA）依据《有毒物质控制法》（TSCA）对纳米材料采取管制措施，包括收集现有的和新的纳米材料的信息规则，对新的纳米材料实行制造前通知程序。此外，OECD成立了人造纳米材料工作组（WPMN），与OECD测试准则项目（TGP）一起，修订和开发测试准则和指导文件来解决纳米材料评估问题。

2023年，农业农村部批准由中国农业科学院植物保护研究所、农业农村部农药检定所、南京善思生态科技有限公司等单位共同编写制定的《纳米农药产品标准编写规则》行业标准发布，这是全球较早由官方（政府）批准制定的关于纳米农药的标准[5]，而目前还暂未有关于纳米生物农药的相关标准。

此外，纳米生物农药的伦理问题主要涉及其对人类健康、环境安全以及农业可持续发展的影响。纳米材料的微小尺寸和高反应活性可能导致其在生物体内的分布、积累和毒性与传统农药不同。由于纳米生物农药的颗粒尺寸小，所以更可能容易通过皮肤、呼吸系统进入人体，引起潜在的健康风险。使用纳米生物农药可能对人类健康造成的影响，包括农药残留对消费者健康的潜在风险，以及对农业工作者在生产过程中可能的健康影响，都是需要深入研究的重要课题。特别是关于纳米生物农药长期暴露对人类健康的影响，更是一个急需关注的伦理问题。只有通过全面的科学研究和严格的安全评估，才能确保纳米生物农药在实际应用中既能发挥其优势，又能最大程度地降低对人类健康的风险。目前纳米农药和纳米生物农药对环境的破坏评估尚处于起步阶段，缺乏系统的研究和评估方法。需要开发新的测试指南和评估框架，以全面评估它们对环境的潜在影响。一旦对环境造成损害，其修复和恢复可能面临技术和经济上的挑战。研究如何有效去除环境中的农药残留，以及如何恢复受损的生态系统，是当前研究的重要方向。综上所述，纳米生物农药的安全性与健康风险是一个复杂的问题，需要综合考虑人类健康和环境生态的多方面影响。未来的研究应重点关注纳米生物农药的长期效应、生态毒性和风险管理，以确保其在促进农业可持续发展的同时，不会对人类健康和环境安全造成不可接受的风险[6]。

# 第四节
# 纳米生物农药的未来发展趋势

随着纳米技术和生物技术的快速发展，纳米生物农药作为新型环保农药的一个重要分支，其研究和应用正逐渐成为农业科技领域的热点，也是提高农业生产效率和可持续性的新前沿。同时，纳米生物农药的未来发展趋势预示着农业生产方式的重大变革。通过新型纳米材料的开发、高通量筛选与智能设计以及纳米生物农药的可持续发展研究，纳米生物农药有望成为推动农业可持续发展的重要力量。

## 一、新型纳米材料的开发

新型纳米材料的开发是纳米生物农药研究的关键领域，为农药的高效、环保使用提供了新的可能性。纳米生物农药的创新开发离不开新型纳米材料的设计与合成。这些材料不仅需要具备高效的载药能力，还应具有良好的生物相容性与靶向性，以及对环境友好性。

深圳先进技术研究院的研究人员开发了一种新型高效抗病毒纳米材料——氢氧化铌纳米片[7]。这种材料在抗病毒方面表现出色，为未来抗病毒纳米材料的设计提供了新思路，不仅揭示了纳米材料在生物农药领域的应用潜力，更在病毒性疾病的防控上展现了其独特的价值和广阔前景。

除了将纳米材料作为载体进行设计与开发，绿色水基化纳米载药系统的发展同样具有重要的意义和深远的影响，它代表了农药制剂技术向环保、高效和可持续发展方向的进步。这一系统在制备过程中完全不使用有机溶剂，有效降低了对环境的污染，遵循了绿色化学的原则。同时，该系统还能高效利用脂溶性农药。与传统农药相比，在农作物有害生物的靶标防治上，绿色水基化纳米载药系统展现了卓越的纳米效应和防治效果，大幅提升了农药的使用效率和作物保护的性能。中国农业科学院农业环境与可持续发展研究所多功能纳米材料及农业应用创新团队创制了难溶性农药的绿色水基化纳米载药系统，这种系统不使用任何有机溶剂，就能实现脂溶性农药的高效使用，提高了农药的有效性和环境安全性[8]。

## 二、高通量筛选与智能设计

高通量筛选与智能设计在纳米生物农药领域的未来发展趋势，预示着一个更加精准、高效和环保的农业管理新时代。这些技术的应用将推动农药行业向更高效、精准、环保和智能化的方向发展。高通量筛选技术，是一种快速高效、适用于大规模筛选化合物的新型自动化筛选体系，主要由高容量的化合物库、自动化操作系统、高特异性的筛选模型、高灵敏度的检测系统以及高效率的数据管理系统等组成。研究人员可以在较短时间内对成千上万的化合物进行筛选，以寻找具有潜在生物活性的新型农药分子，这可以缩短新农药的研发周期，降低成本，并提高成功率。同时，智能设计的纳米载体能够应特定环境信号，如 pH 或温度变化，实现农药的按需释放，提高农药的利用效率并减少对环境的不良影响。数据科学与人工智能的融合将进一步推动这一进程，通过机器学习和数据挖掘技术，可以预测农药分子的活性，优化纳米载体的设计，从而提高研发效率。一方面，利用高通量筛选技术，可以从大量化合物中快速识别出具有潜在生物活性的农药分子。另一方面，通过自动化操作系统和高灵敏度的检测系统，可以对化合物库中的每个成员进行快速评估，筛选出对特定害虫或病原体具有高效活性的化合物。除此之外，高通量筛选技术还可以用于优化农药纳米制剂的配方。通过快速测试不同的配方组合，可以确定最佳的制备条件和成分比例，从而获得具有理想物理化学性质和生物活性的纳米生物农药制剂。

此外，智能设计的靶向药物递送系统可以通过纳米载体将生物农药活性成分直接运送到病虫害发生的部位，减少对非靶标区域的农药暴露，降低对环境和非靶标生物的影响。这些进展不仅展示了纳米生物农药在提高农药环境适应性和生物活性方面的潜力，同时也体现了绿色化学和可持续合成路径的发展方向。例如，Jain 等人针对 RNA 递送载体进行智能设计，使用可降解黏土纳米颗粒（Mg-Fe 层状双氢氧化物）作为 dsRNA 的保护性载体，研发出了一种新型环保高选择性杀虫喷雾剂，通过诱导基因沉默，有效提高了棉花上烟粉虱的死亡率[9]，展示了通过智能设计提高农药性能的潜力。

## 三、纳米生物农药的可持续发展研究

纳米生物农药是现代农业领域的重要研究方向，它结合了纳米技术和生物农药的优势，旨在提高农药的效率、降低对环境的影响，并推动农业的绿色发展。提高农药效率是纳米生物农药可持续发展的核心目标之一。通过纳米技术的应用，农药的生物活性和稳定性得到了显著提升。例如，纳米载体的小尺寸效应和界面效应等特性，使得药物能够更精确地传递到作用靶标，从而最大化提高利用度。这一点不仅增强了药效，也减少了农药的使用量。此外，纳米生物农药的开发和应用在降低农业对环境的污染方面发挥着至关重要的作用。通过纳米技术，农药粒子被细化至纳米级别，这不仅增强了农药在作物叶面和有害生物表面的亲和力，还显著提高了农药的利用效率。

促进精准农业是纳米生物农药可持续发展的另一重要贡献。纳米生物农药与精准农业技术的结合，使得农业生产更加智能化，根据作物的实际需要进行精准施药，增强了其靶向性，使其有效成分能够直接作用于病虫害发生部位，减少对非靶标生物和区域的影响。提高使用效率，降低成本。同时，研发过程中注重绿色化学和生态安全原则，减少了有害化学物质的使用，提高了传统农药的环境兼容性和生态安全性。随着技术的不断进步，预计纳米生物农药将在未来的农业生产中发挥更加重要的作用，为农业的绿色发展和生态保护做出贡献。

# 参考文献

[1] 江雪蔺,胡佩佩,王金叶,等．稻壳制备纳米二氧化硅的研究进展[J]．江西化工，2023，39(3)：13-16.

[2] 史亚菲．稻壳基二氧化硅和硅酸盐的制备及性能研究[D]．长春：吉林大学，2023.

[3] Kah M, Tufenkji N, White J C. Nano-enabled strategies to enhance crop nutrition and protection[J]. Nature Nanotechnology, 2019, 14(6):532-540.

[4] Sushil A, Kamla M, Nisha K, et al. Nano-enabled pesticides in agriculture: Budding opportunities and challenges[J]. Journal of Nanoscience and Nanotechnology, 2021, 21(1): 3337-3350.

[5] 曹立冬,赵鹏跃,曹冲,等．纳米农药的研究进展及发展趋势[J]．现代农药，2023，22(02)：1-10.

[6] Li L, Xu Z, Kah M, et al. Nanopesticides: A comprehensive assessment of environmental risk is needed before widespread agricultural application[J]. Environmental Science & Technology, 2019, 53(14): 7923-7924.

[7] Wu B, Zhang G, Ji J, et al. ZIF-67-derived antivirus cobalt hydroxide LDH nanosheets produced through high-concentration cobalt ion-assisted hydration[J]. Advanced Functional Materials, 2024, 34(14): 2312941.

[8] An C, Huang B, Jiang J, et al. Design and Synthesis of a Water-Based Nanodelivery Pesticide System for Improved Efficacy and Safety[J]. ACS Nano, 2024, 18(1): 662-679.

[9] Jain R G, Fletcher S J, Manzie N, et al. Foliar application of clay-delivered RNA interference for whitefly control[J]. Nature Plants, 2022, 8(5): 535-548.

APPENDIX

附录
# 相关术语解释

EPA：U. S. Environmental Protection Agency，美国环境保护署

OECD：Organization for Economic Co-operation and Development，经济合作与发展组织

nm：Nanometer，纳米

Stöber 方法：是一种合成单分散二氧化硅颗粒的物理化学方法，也称为溶胶-凝胶法。该方法由 Werner Stöber 等人最先发现

・OH：羟基自由基

・$O^{2-}$：超氧自由基

$^1O_2$：单线态氧

NPV：nuclear polyhedrosis virus，核型多角体病毒

CPV：cytoplasmic polyhedrosis virus，质型多角体病毒

FAO：Food and Agriculture Organization of the United Nations，联合国粮食及农业组织

Bt：*Bacillus thuringiensis*

CRISPR：Clustered Regularly Interspaced Short Palindromic Repeats，成簇的规律间隔的短回文重复序列

O/W：水包油

GO：graphene oxide，氧化石墨烯

RGO：reduced graphene oxide，还原氧化石墨烯

XRD：X-ray diffraction，X 射线衍射

SEM：scanning electron microscope，扫描电子显微镜

TEM：transmission electron microscopy，透射电子显微镜

XPS：X-ray photoelectron spectroscopy，X 射线光电子能谱学

FTIR：fourier transform infrared spectroscopy，傅里叶变换红外光谱

TGA：thermogravimetric analysis，热重分析

ICDD：the international centre for diffraction data，国际衍射数据中心

JCPDS：joint committee on powder diffraction standards，粉末衍射标准联合委员会

FE-SEM：field emission scanning electron microscopes，场发射扫描电子显微镜

NanoSIMS：nano-scale secondary ion mass spectrometry，纳米二次离子质谱技术

HRSEM：high resolution scanning electron microscope，高分辨扫描电子显微镜

TOPO：trioctylphosphine oxide，三正辛基氧膦

PEG：polyethylene glycol，聚乙二醇

OAc：oleic acid，油酸

OAm：oleylamine，油胺

NiNPs：nickel nanoparticles，镍纳米颗粒

CMC：carboxymethyl cellulose，羧甲基纤维素钠

CS：chitosan，壳聚糖

DL：drug-loading，载药量

MOFs：metal organic frameworks，金属有机骨架化合物

HOFs：hydrogen-bonded organic frameworks，氢键有机骨架材料

COFs：covalent organic frameworks，共价有机骨架材料

EB：emamectin benzoate，甲氨基阿维菌素苯甲酸盐

AZOX：azoxystrobin，嘧菌酯

PNIPAM：poly($N$-isopropyl acrylamide)，聚 $N$-异丙基丙烯酰胺

HMSNs：hollow mesoporous silica nanoparticles，中空介孔二氧化硅纳米粒子

NPs：nanoparticles，纳米颗粒

LDHs：layered double hydroxide，层状双金属氢氧化物

PLGA：poly(lactic-co-glycolic acid)，聚乳酸-羟基乙酸共聚物

SPc：star polycation，星状阳离子聚合物

2DMXene：二维层状结构的金属碳化物或氮化物

γ-PGA：poly-γ-glutamic acid，聚谷氨酸

PVNAVM：plant virus nanoparticle avermectin，含植物病毒纳米颗粒的阿维菌素

NE：nanoemulsion，纳米乳

Aza：azadirachtin，印楝素

ZIF-8：zeolitic imidazolate framework-8，沸石咪唑骨架-8，是一种金属有机框架（MOF）材料

ROS：reactive oxygen species，活性氧

PVA：polyvinyl alcohol，聚乙烯醇

Ag NPs：silver nanoparticles，银纳米颗粒

RNAi：RNA interference，RNA 干扰

dsRNA：double-stranded RNA，双链 RNA

siRNA：small interfering RNA，小干扰 RNA

miRNA：micro RNAs，微小 RNA

piRNA：Piwi-interacting RNA，与 Piwi 蛋白相作用的 RNA

hem：hemocyanin，血蓝蛋白

BioClay：黏土颗粒

Abam-PLA：abamectin poly(lactic acid)，聚乳酸阿维菌素

AVM-PGA：avermectin/polysuccinimide with Glycine Methyl Ester Nanoparticles，阿维菌素/聚琥珀酰亚胺与甘氨酸甲酯纳米粒子

Glc：glucose，葡萄糖

R-Au NPs-Glc：rotenone-glod nanoparticle-glucose，葡萄糖和鱼藤酮结合的金纳米粒子

SOD：superoxide dismutase，超氧化物歧化酶

POD：peroxisome，过氧化物酶

CAT：catalase，过氧化氢酶

EFSA：European Food Safety Authority，欧盟食品安全管理局

TSCA：Toxic Substances Control Act，毒物控制法

ISO：International Organization for Standardization，国际标准化组织

ISO/TC 229：International Organization for Standardization / Technical Committees 229，国际标准化组织纳米技术委员会

PS：polystyrene，聚苯乙烯

CF：cellfectin，一种阳离子脂质

Ber：berberine，小檗碱

SLN：solid lipid nanoparticles，固体脂质纳米粒子

EO：essential oil，精油

NEs：nanoemulsions，纳米乳液

$LC_{50}$：lethal concentration 50，致死中浓度

AChE：acetylcholinesterase，乙酰胆碱酯酶

BC：biochar，生物碳

BSA：bovine serum albumin，牛血清白蛋白

NaAc-HAc：natrium aceticum-acetic acid，醋酸钠-醋酸缓冲溶液

DLS：dynamic light scattering，动态光散射

SDS-PAGE：sodium dodecyl sulfate-polyacrylamide gel electrophoresis，十二烷基硫酸钠-聚丙烯酰胺凝胶电泳

CLSM：confocal laser scanning microscope，激光扫描共聚焦显微镜

Rosup：活性氧阳性对照

RhB：rhodamine B，罗丹明 B

ICP-OES：inductively coupled plasma optical emission spectrometry，电感耦合等离子体光学发射光谱仪

PCR：polymerase chain reaction，聚合酶链式反应

SD：standard deviation，标准差

DTT：dithiothreitol，二硫苏糖醇

CI：confidence interval，置信区间

PBS：phosphate buffered saline，磷酸盐缓冲液

MES：2-morpholinoethanesulphonic acid，2-吗啉乙磺酸，是一种两性离子缓冲液

$b$ 值：吸附常数，是描述物质吸附性质的一个重要参数。它反映了吸附剂与被吸附物之间的相互作用强度。$b$ 值越大，表示吸附剂与被吸附物之间的相互作用越强，吸附过程也会更加迅速和稳定

APVMA：Australian Pesticides and Veterinary Medicines Authority，澳大利亚农药兽药管理局

WPMN：Working Party on Manufactured Nanomaterials，人造纳米材料工作组